编委会

遗落的鲸灵
长江瑰宝白鱀豚

王 丁 杨 光 主编

武汉白鱀豚保护基金会
江苏省科普作家协会
南京江豚水生生物保护协会 编著

青鸟新知

江苏凤凰科学技术出版社 · 南京

序言

长江，这条奔腾了千万年的母亲河，孕育过无数生命的传奇。而在它激浪与清波的交织处，曾有一道清灰色的身影悄然游弋——白鳖豚，长江的鲸灵，华夏水韵中最为神秘的诗人。它们用流线型的脊背丈量过三峡的激流，用敏锐的声呐聆听过金陵的晚钟，却在人类文明轰鸣向前的时代，渐渐沉默成一道逝去的波纹。

我曾穷尽半生追寻这份遗落的瑰宝，用数据与标本拼凑白鳖豚的生物学密码，也曾在渔民的访问和古籍的记载中打捞它们的文化魂魄。这本书不只是一部物种志，更是一曲写给长江原住民的挽歌。而今翻开书页，白鳖豚已经化身一枚永恒的生态图腾。它们哪怕仅存于影像与文字之中，我们仍将不断追问：长江各江段自 2020 至 2021 年先后开启长达 10 年的渔业禁捕，有没有给长江江豚和长江中其他水生生物带来适宜的生活条件？愿这本书成为一个窗口，让我们得以回望那片曾与白鳖豚共舞的江水，并在回望中，找到通向未来的保护长江水生生物之路。

周开亚

于南京

2025 年 3 月 28 日

目录

长江女神
千年一叹

白鱀豚淇淇，雄性，是最为人所熟知的一头白鱀豚。它于 1980 年 1 月被捕获于长江城陵矶一带，2002 年 7 月在武汉白鱀豚馆去世。它在人工圈养环境下存活了近 23 年，为白鱀豚研究提供了大量珍贵的信息和影像资料（武汉白鱀豚保护基金会 供图）

走进长江，初见白鳖

长江，是中华民族的两条母亲河之一，它与黄河共同孕育出了我们的中华文明。同时，长江又是无数珍稀水生生物赖以生存的家园。我们仅有的两种淡水鲸豚，皆生存于此，其中之一是我们熟悉的长江江豚（*Neophocaena asiaeorientalis*），而另一种便是渐渐远去的白鱀豚（*Lipotes vexillifer*）。

白鱀豚是国家一级保护动物，也是濒危野生动植物种国际贸易公约（CITES）附录物种。人类只在长江中下游和钱塘江、富春江发现过这种淡水精灵的踪迹（图 1-1）。自近现代有科学记录以来，白鱀豚的数量便十分稀少，据 1982 年统计，白鱀豚已仅剩 400 头左右。在此之后，由于长江航运、环境破坏、渔业捕捞等，白鱀豚数量仍不断减少，直至消失。图 1-2 展示的是白鱀豚的 3D 复原图。

2002 年 7 月 14 日，当时世界上唯一的圈养白鱀豚淇淇死亡，这意味着最后一头能够确认存在的白鱀豚个体消失。

2006 年，中国科学院水生生物研究所（以下简称“水生所”）组织和实施了长江白鱀豚国际联合考察，经过对整个白鱀豚栖息范围进行不懈探索，未能发现白鱀豚仍然存在的证据。

直到今天，尽管仍有一些志愿者为寻找白鱀豚付出了大量努力，但长江中再没有记录到任何能够确认的白鱀豚个体，中国科学界认为这一物种已处于“功能性灭绝”状态。

图 1-1　1989 年周开亚于考察过程中，在长江铜陵江段拍摄的野生白鳖豚，是现有最好的野生白鳖豚活动画面（南京师范大学生命科学学院　供图）

图 1-2　白鳖豚全身 3D 建模复原（沈禹羲　制图）

古老的传说，白鱀史话

爾雅
鯤，魚子。
凡魚之子總名鯤
鱀，是鱁。
鱀，鱣屬也，體似鱏，尾如鮂魚，大腹，喙小，銳而長，齒羅生，上下相銜，鼻在額上，能作聲，少肉多膏，胎生，健啖細魚，大者長丈餘，江中多有之。
鱦，小魚。
家語曰：其小者鱦魚也。今江東亦呼魚子未成者為鱦。

图 1-3　《尔雅》中关于白鱀豚的内容

图 1-4　郭璞像

白鱀豚作为游荡在长江中的女神，与人类共同相处了上万年。尽管大部分时间都躲在江波魅影之中，它们的身影仍不时地划过水面，给文明蒙昧时期的古人留下了深刻的印象。

江面上不时浮现的白鱀豚，与自由和神秘联系在一起，常常出现在文人墨客的作品中。白鱀豚的古称是“鱀”，源于距今 2000 多年的《尔雅》一书（图 1-3），这是独属于它们的专有名词。

《尔雅》是中国最早的辞书，晋代的郭璞（图 1-4）为《尔雅》编写了注释，文中称：“鱀，鳍属也，体似鲟，尾如鱼，大腹，喙小，锐而长，齿罗生，上下相衔，鼻在额中，能作声，少肉多膏，胎生，健啖细鱼，大者长丈余，江中多有之。”

这短短 51 个字，详细地描述了白鱀豚的基本特征，比如习性、食性、身体结构等。值得一提的是，郭璞很有可能接触过真正的白鱀豚，因为与同时代甚至之后几个世纪的其他作者相比，郭璞对白鱀豚的描述颇为仔细，明确指出它是一类胎生动物，而非卵生鱼类。由此，郭璞成为中国记录白鱀豚的第一人。

黑者江豚，白者白鬐。
状异名殊，同宅大水。
……
两两出没，矜其颊嘴。
若俯若仰，若跃若跪。
……
于人无害，所欲易充。
暴露形体，告人以忠。
又多膏油，以助汝工。
……
大厦之下，风雨何苦。
岂知舟航，方在积险。
以尔占天，蓍蔡之验。
古之报祭，不遗微虫。
孰扬尔烈，登荐蜡宫。
世不尔好，复惟尔恶。
我作此歌，为昭其故。

进入唐宋以后，描述白鬐豚的诗歌更是层出不穷，其中最典型的佳作为孔武仲所著的江豚诗。诗中歌颂了白鬐豚和江豚在渔业与航行中预报天气的能力，认为应当将其送进庙宇中奉祀。

孔武仲是北宋时期的进士，人称“临江三孔”，他出生在今天江西省吉安市峡江县，峡江是赣江的重要支流。孔武仲对白鬐豚的习性描述得颇为详尽，特别指出白鬐豚多在风雨来临之前活跃，这很有可能来自幼时在家乡听闻过的渔民传说。

宋代大诗人陆游也可能见过白鬐豚。在名篇《入蜀记》中，他提到在梅根港（今安徽池州）和江州（今江西九江）远远见到数十头色苍白的巨鱼，远远望去大如牛犊，经常从水面跳出击打水浪，出现壮观的景象。

需要说明的是，尽管“鬐”字在古代一般是白鬐豚的专有名词，但这个字有时也被用来指分布在东南沿海的中华白海豚，比如《广东新语》和清代广西的《梧州县志》都有“白鬐”的记载，显然是指分布在广东和广西近海的中华白海豚。

图 1-5　白秋练

白鱀豚在中国文化史上的高光时刻，来自清朝小说家蒲松龄所著《聊斋志异》的《白秋练》篇，全文不长，大约 2600 字，但故事情节婉转曲折，完整地描述了书生慕蟾宫与水妖白秋练之间人妖相恋的爱情故事。虽然蒲松龄没有揭示女主角白秋练的真实身份，但根据故事中的描述，可以推测其中的女主角是一头拟人化的白鱀豚（图 1-5）。

据历史学家考证，《聊斋志异》的故事大多为蒲松龄对民间传说的收集改编。从《白秋练》这一故事可以看出，沿江居民与白鱀豚亲密无间的联系，并赋予其美丽的化身。

无独有偶，长江沿岸都流传着关于白鱀豚的美丽传说，譬如江苏武进一带，渔民尊称白鱀豚为白仙姑，每次捞鱼苗之前都要燃放鞭炮，烧香磕头，祈求白仙姑保佑。

最早采集到白鱀豚标本的美国人查尔斯 · 霍伊（Charles M. Hoy），从当地人口中得知，白鱀豚曾经是一位公主，因为反抗封建婚姻被推入长江，之后化身为白鱀豚，所以渔民从来不会主动捕捉它们。这一说法之后也得到了印证。1921 年，美国自然历史博物馆的克利福德 · 希尔豪斯 · 蒲伯（Clifford Hillhouse Pope）前往湖南岳阳收集白鱀豚标本，但当地渔民畏惧传统文化中的禁忌，始终不敢擅自捕捉白鱀豚，直到蒲伯提出高额悬赏，才有渔民打破禁忌。

“白鱀”还是“白鳍”

自古以来，“白鱀”是白鱀豚在中国文献记载中的专有名称。但是1949年之后，我国出版物又常将白鱀豚称为“白鳍豚”，以至于在相当长的一段时间内，“白鳍豚”这一称呼取代了“白鱀”，成为中国国内对白鱀豚这一物种的主流称呼。但最近十几年，在出版物和公共语境中，“白鱀豚”又逐渐取代“白鳍豚”，成为对长江女神唯一的标准称呼。究竟是“白鱀”还是“白鳍”，这一跨越数十年的争议，到底是由何而起的呢？

其实，“白鳍豚”之名，来源于新中国成立之前西方人对白鱀豚的称呼。最早将白鱀豚标本带回西方的人，是美国人查尔斯·霍伊，他在笔记中称中国人将白鱀豚叫作“Peh Chi”，意思是“白旗”，指白鱀豚的背鳍犹如一面白色的旗帜。此后，白鱀豚在英文中一度被称作“White flag dolphin”，即“白旗海豚”。

1948年，动物分类学研究专家郑作新在其编著的《脊椎动物分类学纲要（大学用书）》（图1-6）中翻译白鱀豚时，参考了“White flag dolphin”一名，但并未直译，而是采取霍伊笔记的原意，将“旗”改译为“鳍”，首次提出“白鳍豚”这一名称（图1-7）。1950年，中国科学院编译局在编订动植物中文名称规范时，规定“动物植物在我国已有旧名，应优先引用”，显然，1950年代编译动植物中文名称时，参加编订工作的专家并不知道白鱀豚有“白鱀”这一旧名，而采用了由英文转译的“白鳍豚”。此后，1955年出版的《脊椎动物名称》也沿用了这一名称，并将“白鳍豚”作为白鱀豚的标准名。

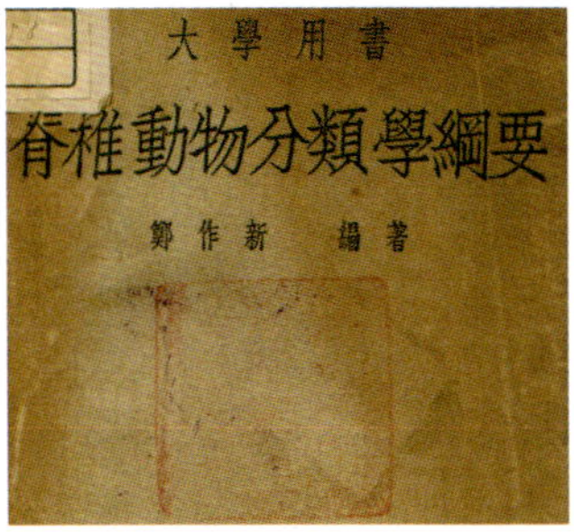

图 1-6　脊椎动物分类学纲要

灰鯨 *Rhachianectes glaucus* (Cope): Grey Whale

亞目三　齒鯨亞目 ODONTOCETI

抹香鯨科 Physeteridae: Sperm Whales

抹香鯨 *Physeter catodon* Linné

海豚科 Delphinidae: Dolphins, Porpoises

白海豚 *Sotalia chinensis* (Osbeck) (=*Delphinus sinensis* Cuvier); Chinese White Dolphin

江豚 *Neomeris phocaenoides* (G. Cuvier): Black Finless Porpoise, Indian River Porpoise

逆戟鯨 *Grampus griseus* (Cuvier); Common Grampus

鰭豚科 Iniidae

白鰭豚 *Lipotes vexillifer* Miller: White Flag Dolphin

目十三　食肉目 CARNIVORA

此目所分之裂腳與鰭腳二亞目，可列表比較之如次.

图 1-7　“白鳍豚”这一名称被首次提出

时至 20 世纪 70 年代，中国白鱀豚研究泰斗周开亚先生在长江沿岸调查时，发现江苏和安徽等地的沿江渔民都将白鱀豚称为“白鱀”或“青鱀”。结合古文学者对《尔雅》等历史文献的考证，周开亚最终认定霍伊提出的“白旗”一名是错误的，“白鱀”之名世世代代为中国文人和长江沿岸的劳动人民所使用，应该作为白鱀豚正式名称的参考，而建立在美国人错误认知基础上的“白鳍豚”一名则应废止。

在周开亚提出以“白鱀”代替“白鳍”的观点后，关于白鱀豚和白鳍豚的名称使用问题，在十几年时间内争议不断，各地方甚至国家发布的文件中也一度标准不一，十分混乱。但使用“白鱀豚”作为正式名称，逐渐成为中国政府与学界的共识。

2021 年，经国务院批准实行的新一版《国家重点保护野生动物名录》将“白鱀豚”作为物种标准名，正式宣告了争议的结束。而在西方国家，“White flag dolphin”这一称呼也基本被废止，改称为“Chinese river dolphin（中国河豚）”“Yangtze dolphin（长江豚）”或直接由中文名音译而来的“Baiji”。

（武汉白鱀豚保护基金会 供图）

2

百年探索白鱀豚漫漫科学史

惊鸿一瞥，美国青年邂逅白鱀豚

1914 年 2 月 18 日，美国青年查尔斯 · 霍伊和同伴乘小船，前往洞庭湖打野鸭（图 2-1）。霍伊的父亲是一名传教士，1901 年就前往中国岳阳一带传教。霍伊从小就表现出对生物学相当浓厚的兴趣，尽管他当时只有 17 岁，但已经是一位业余博物学家，对中国湖广地区的动植物相当了解。

当返回城陵矶附近浅水航道时，霍伊发现一小群白色动物偶然从船侧经过，看起来好像是海豚。在江中发现海豚，可是件稀罕事。霍伊毫不犹豫举起枪，迅速朝江中一射，一枪下去，正中一头雄豚。

射杀得手之后，霍伊在当地人的帮助下，将豚尸拖回岸上。一看到这头“海豚”的外形，霍伊便认定它非同一般，外观与他过去所知的任何鲸豚都不同，很可能是一个此前从未发现的物种。

激动之余，霍伊对豚尸进行了基础解剖。在豚胃中，他发现了鲜活的鲶鱼组织，这说明豚群刚刚完成了一次成功的猎捕，才懒洋洋地从小船旁边经过，因此他才能轻易捕获这头雄豚。

图 2-1　查尔斯 · 霍伊

图 2-2　白鱀豚正模标本

霍伊保留了这头雄豚的头骨和一些鳍肢骨、脊椎骨。1916 年，霍伊兴致勃勃地将标本（图 2-2）带回美国，并把照片寄给美国国家自然历史博物馆鉴定。博物馆的哺乳动物学家格里特·史密斯·米勒（Gerrit Smith Miller Jr.）得知中国发现淡水海豚的消息后十分兴奋，于是出价 75 美元将所有标本收购。

在接收骨骼标本并开展研究后，米勒很快意识到这是一个未知的全新物种。于是，他在博物馆内部期刊发表了自己的研究论文——*A New River Dolphin from China*（《来自中国的一个淡水豚新种》），正式命名了白鱀豚这一物种，并激动万分地表示“白鱀豚是科学史上最后一批被命名的大型动物之一”。

图 2-3　亚洲文会博物馆旧藏白鳖豚骨骼标本（摄于上海历史博物馆）

虽然学界一般将霍伊视为采集白鳖豚标本的第一人，但当时位于上海的亚洲文会博物馆，其实已收藏有两件白鳖豚标本，分别是一头未成年个体的骨骼和另一头成年个体的下颌（图 2-3）。遗憾的是，这批标本的采集者和采集地点均已无从查考。目前这些标本仍保存于上海自然博物馆，官方档案记录收集年代为 1910 年，如果信息属实，这将是世界上已知最早的白鳖豚标本。

由于霍伊只带回了头骨和一部分脊椎，所以美国学者十分渴望能够获得一具完整的白鱀豚标本。1921 年 11 月，美国国家自然历史博物馆派遣了一位初出茅庐的青年学者，刚刚从弗吉尼亚大学毕业的蒲伯前往湖南岳阳，要求他哪怕用上 300 米长的渔网，也要捕获白鱀豚。

由于霍伊是当时唯一见过白鱀豚的西方人，所以蒲伯最初来到传教士创办的湖滨大学，希望得到霍伊的帮助，但当时霍伊正在澳大利亚采集标本，无暇顾及。人生地不熟的蒲伯只好借助当地人的帮助，宣布悬赏 10 元给任何一个捉到白鱀豚的渔民，这在当时足够满足当地渔民超过一年的花销。

虽然当地渔民认为白鱀豚有神性，没有人敢轻易伤害。不过重赏之下必有勇夫，面对蒲伯开出的诱人的高价，有渔民开始打起白鱀豚的主意。1921 年 12 月 21 日下午，一个胆大的渔民送来了一头两米长的白鱀豚尸体，蒲伯喜出望外，爽快支付了报酬，在拍照摄影后将白鱀豚制成标本，并运回美国（图 2-4）。

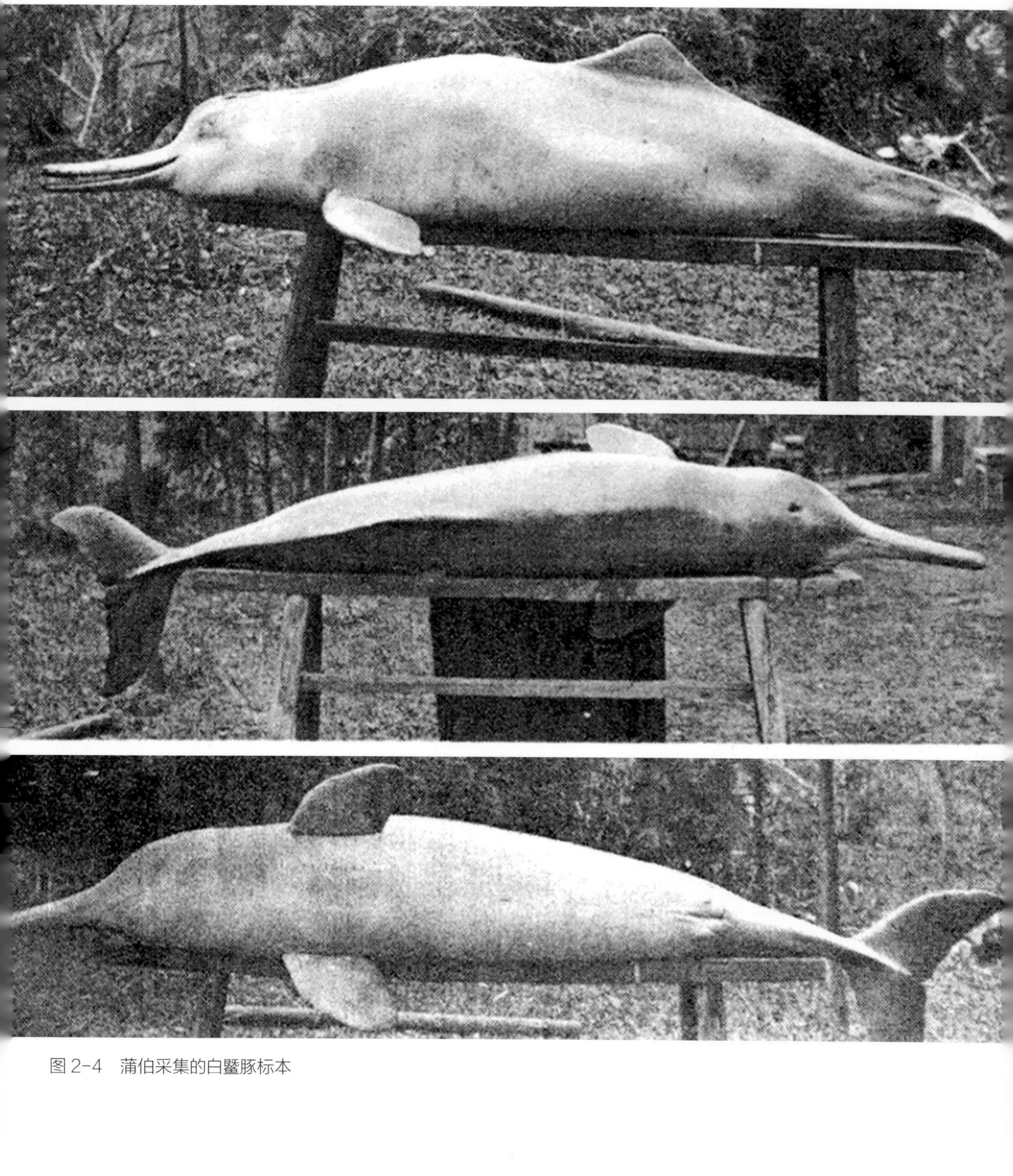

图 2-4　蒲伯采集的白鱀豚标本

几乎同一时间，欧洲也获得了他们的第一件，也是唯一一件白鳖豚标本。1922 年，英国伦敦自然史博物馆获得一件来自湖北的白鳖豚标本，并进行深入解剖，从而发表了历史上第一篇白鳖豚解剖研究报告。至今，上述提到的三件白鳖豚标本仍然远离故土，漂泊海外。

回到美国之后，霍伊始终无法忘怀自己与白鳖豚的邂逅。1922 年底，已被聘为博物馆标本采集员的霍伊，再次踏上了前往中国的旅途。此次，霍伊先后走访江西、湖北、湖南等地，只求能够再次发现白鳖豚的踪迹。

然而由于中国局势愈加动荡，霍伊此行险象环生，屡屡受到匪患威胁，采集标本的过程很不顺利。更让霍伊始料未及的是，这一次中国之旅，他不仅未能再采集到白鳖豚标本，最终还搭上了自己的性命。

1923 年 8 月，霍伊的手枪意外走火，打伤了自己的小腿。雪上加霜的是，在江西牯岭疗养期间，霍伊又突患严重的阑尾炎，由于当时中国的医疗条件有限，霍伊无法得到有效救治，同年 9 月，他在病痛的折磨中死去，年仅 26 岁。

霍伊死后，军阀混战、日寇入侵，一场场深重的灾难蹂躏着中国大地，欧美的科学家无法再踏足这片土地，西方学界对白鳖豚的研究也被迫中断。对长江女神的研究，由此交棒到了中国科学家手中。

不懈求索，中国学者重见白鱀豚

新中国成立前，郑作新等动物学研究先驱，虽然在著作中提及“白翅海豚”或“白鳍豚”，但他们的认识仅停留在米勒、霍伊等西方学者的报告上。在 1949 年之前，中国科学界对白鱀豚的研究，几乎是一片空白。

至新中国成立后，伴随着国家对科技的重视，生物科学得以蓬勃发展，中国科学家也终于获得了研究长江女神的机会。20 世纪 50 年代，我国对白鱀豚的研究从江苏南京踏出了第一步，当时的南京师范学院（现南京师范大学），年仅 25 岁的生物系青年教师周开亚，成了中国研究白鱀豚的第一人。

1955 年，长江南京段的渔民，用渔网在江中捞上一条罕见的“大怪鱼”（图 2-5）。渔民意识到捞起的动物不一般，于是紧急联系了南京师范学院，由生物系教师紧急制作成剥制和骨骼标本（图 2 -6）。图 2-7 展示的是周开亚及其研究生团队在解剖白鱀豚。

经过查阅历史文献，周开亚认为，这件标本无疑就是 40 多年前，霍伊所采集到的白鱀豚。只是霍伊认为白鱀豚只生活在长江中游洞庭湖及周边水域，如今江苏渔民也捕捉到白鱀豚，会不会是霍伊的认知有错误呢？周开亚赶赴上海的博物馆调查，看到民国时期亚洲文会博物馆在上海附近采到的白鱀豚标本。1957 年，又一头白鱀豚在南京浦口码头一带被渔民捕获。根据这些结果，周开亚撰写了一篇题为《在长江下游发现的白鱀豚》的论文投给《科学通报》，并很快就在《科学通报》上发表。因为在米勒以后一直没有关于白鱀豚的新的科研报道，周开亚在《科学通报》发表论文之后，他被国际学术界称为白鱀豚的重新发现者，也标志着中国科研人员首次发表白鱀豚科学研究论文，意义重大。

上图：图 2-5　1955 年南京采集的白鳖豚标本（南京师范大学生命科学学院 供图）

下图：图 2-6　南京师范大学生命科学学院保存的白鳖豚标本

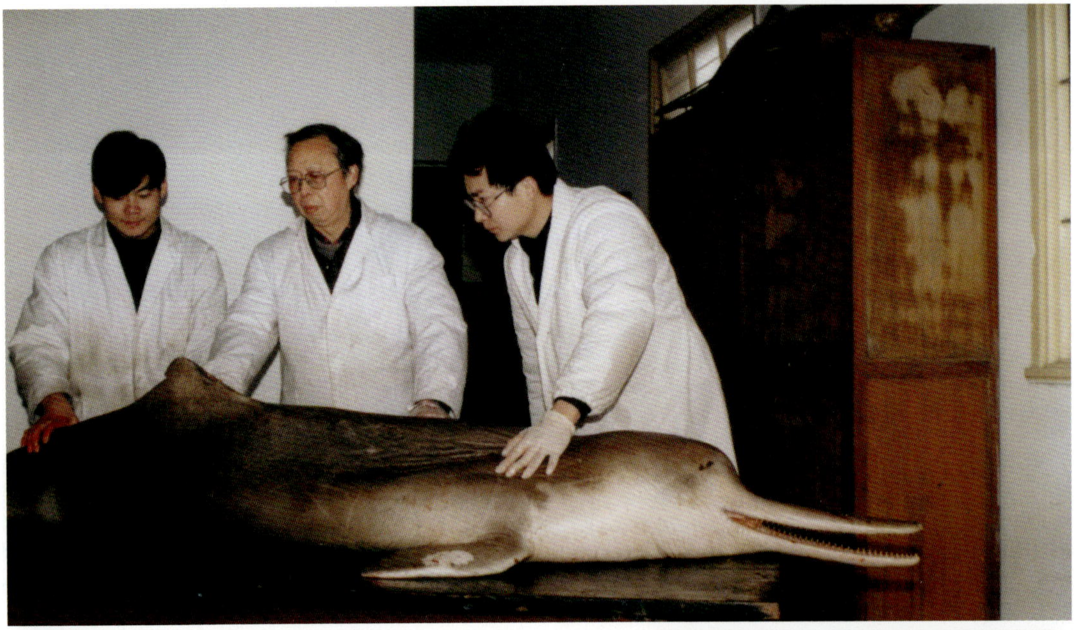

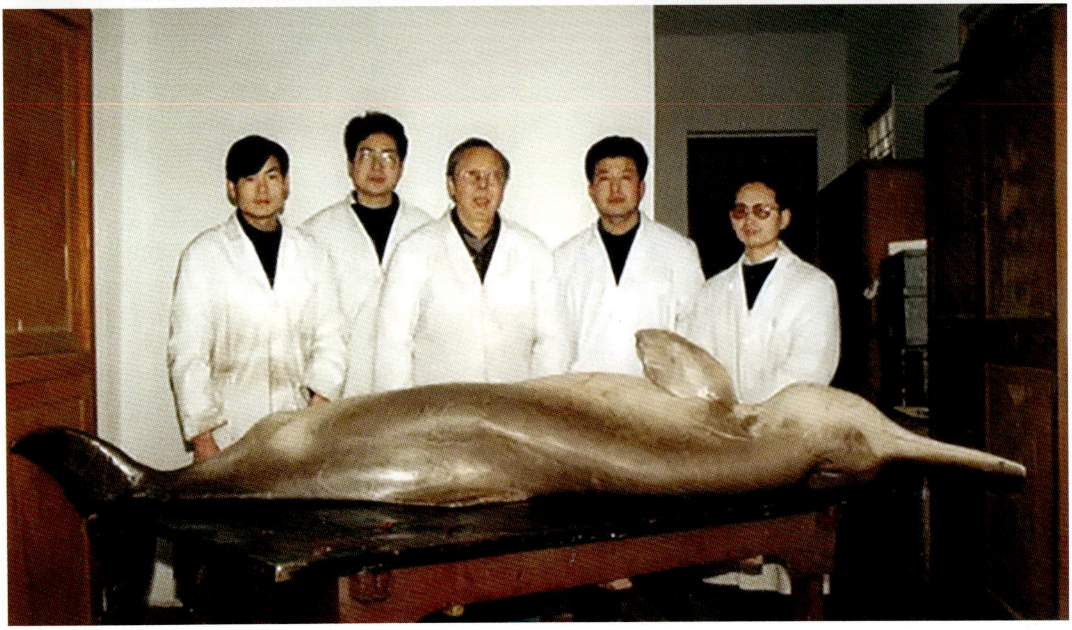

图 2-7　周开亚及其研究生团队解剖白鳘豚（南京师范大学生命科学学院 供图）

论文的发表得到了国内动物学界的注意，中国科学院动物志编辑委员会把中国动物志兽纲鲸目、食肉目海豹总科、海牛目的编写任务下达给周开亚，并提供了800元的编写经费。这是周开亚生平得到的第一笔科研经费。

时间推移至20世纪70年代，安徽也发现了白鳖豚的存在。1974年3月13日，芜湖渔民在弋矶山至裕溪口江段捕获了一头白鳖豚，后运至省会合肥，交由安徽大学制成标本。白鳖豚在安徽的出现，引起了周开亚浓厚的兴趣。白鳖豚分布的范围到底有多广，会不会还存在尚未发现的种群？周开亚意识到，是时候在整个长江中下游，进行一场关于白鳖豚分布的摸底调查了。

1974年，周开亚重拾搁置15年的白鳖豚研究。春节期间，他穿了一件棉大衣，只身一人踏上旅途，开展了第一次白鳖豚分布全域调查，涵盖上海以及浙江、安徽、江西、湖南、湖北和江苏的沿江城市。每到一地，一是到当地水产局采访，二是到渔业社采访。在湖北宜昌渔业社采访时，一位老渔民告诉周开亚，1940年前后他迁居三峡的黄陵庙、莲沱时，在两地曾各获1头白鳖豚。周开亚的这次调查，是人类历史上第一次对白鳖豚分布开展的全域调查研究。

遗憾的是，在这次调查中，周开亚与活体白鳖豚失之交臂，未能如愿邂逅长江女神。不过通过对渔民的走访，他仍获取了丰富的标本与第一手资料，并发现白鳖豚不仅广泛分布于长江中下游，还曾出现在浙江境内的钱塘江和富春江，由此正式确认了白鳖豚的分布范围。

周开亚正在六省一市开展白鳖豚分布调查期间，他的合作者钱伟娟老师，在南京师范学院中文系资料室老师的帮助下，查到了白鳖豚的古代名为鳖，又称白鳖。这个名称也是这次调查中长江中下游渔民所使用的名称。所以，周开亚认为“白鳍豚”应改称“白鳖豚”，于 1977 年在《动物学报》第 1 期发表题目为《白鳖豚的分布调查》的论文，首次在学术界使用了白鳖豚这一称呼。

也是在 1974 年，一阵惊天动地的爆炸声，又使人们的目光投向湖北。坐落于武汉的水生所，自此开启了他们 50 多年与白鳖豚的不解之缘。

图 2-8　1974 年在洪湖被炸死的雌性白鱀豚标本（摄于中国科学院水生所水生生物博物馆）

湖北对白鱀豚的研究始于 20 世纪 60 年代初，当时洪湖的两位科学爱好者——中学教师康定新和水产局工程师邢湘臣，凭借对科学事业的满腔热情，利用业余时间，对湖北发现的白鱀豚尸体进行了解剖、测量与观察，同时通过野外考察、走访渔民等方式，丰富了中国学界对白鱀豚的认识。作为业余爱好者，康定新和邢湘臣的努力尤为不易。但在当时，他们的研究并没有引起科学界的足够重视。

1974 年 1 月，湖北洪湖燕窝江段，一个施工队正在江心进行清障作业，在施工用的炸药轰然爆开时，一小群白鱀豚正好从江中经过，结果不幸卷入爆炸，导致五头白鱀豚被当场炸死。由于缺乏动物保护意识，施工队在打捞豚尸后，准备将豚尸向沿江居民出售。幸运的是，长江航道局及时干涉，将其中一雄二雌三具豚尸送抵水生所（图 2-8）。

通过对几具白鳖豚尸体的解剖，水生所的科学家获取了大量白鳖豚一手信息，尤为可贵的是，他们在两头雌豚的腹部，都发现了发育中的白鳖豚胎儿，成为当时仅有的两件白鳖豚胎儿标本（图 2-9）。

图 2-9　1974 年采集的白鱀豚胎儿标本（摄于中国科学院水生所水生生物博物馆）

令人痛心的是，两个小生命尚未离开母体，就离开了这个世界，洪湖惨案至少导致 7 头白鱀豚死亡，一整个白鱀豚家族一朝覆灭。这对一个已濒临绝迹的稀有物种，是何其惨痛的打击！在白鱀豚分布的中心区域湖北，建立一个研究与保护白鱀豚的科研基地，已是迫在眉睫。

图 2-10　陈佩薰主持白鱀豚科考会议（武汉白鱀豚保护基金会 供图）

1978 年，北京召开全国首次“白鱀豚研究协作会议”，会上决定成立全国白鱀豚生物学研究协作组，由水生所为组织单位，其他单位负责协作。水生所组织了“白鱀豚生物学研究协作组”，由当时已年过半百的水生生物学家陈佩薰挂帅，主导白鱀豚调查研究工作，由南京师范学院负责白鱀豚分类和形态学研究（图 2-10）。

鉴于当时对白鱀豚的研究状况可谓是一头雾水，陈佩薰决定兵分两路，一队由她本人带领，留在水生所做形态解剖工作；另外一队由副组长刘仁俊带队，到长江做生态考察。1978 年 12 月 4 日，刘仁俊等乘坐水生所科考船“水生 2 号”，从武汉出发，逆流向上考察。22 天后，研究人员从武汉到沙市江段一共观察到了 7 头白鱀豚，这是中国学者第一次在野外见到活体白鱀豚。

从 1978 年到 1983 年，水生所在长江中下游流域（湖北宜昌—江苏南通江段）进行了 9 次白鳖豚生态考察，基本摸清了白鳖豚的数量和一般习性。考察期间共确立了 20 个白鳖豚群体，最大的一群有 13 头个体，最少的只有两三头组成，共分散在 17 个江段内，并估计在整个长江中下游 1589 千米的水道上，共生活着 156 头白鳖豚。

1980 年 1 月 12 日，水生所迎来了一位贵客——来自湖北嘉鱼的白鳖豚淇淇（图 2-11），在此之后的 23 年里，淇淇一直生活在水生所，如同一位来自长江的使者，向人类诉说着长江女神的故事，成为人类了解白鳖豚的一个窗口。

图 2-11　白鳖豚淇淇（武汉白鳖豚保护基金会　供图）

1985 年 11 月至 1986 年 6 月，为探讨三峡工程对白鱀豚的潜在影响，水生所白鱀豚研究组分别进行了两次全流域的种群数量考察。一共在野外获得了 172 次观察数据，记录到 42 个群体，约 300 头白鱀豚，活动范围上至湖北枝城，下至江苏太仓，其中近一半个体生活在湖北境内。

在水生所紧锣密鼓开展调查的同时，南京的周开亚也再一次踏上寻找白鱀豚的科考之路。

1979 年 4 月 14 日，周开亚科研团队乘坐江苏省地理研究所（现“中国科学院南京地理与湖泊研究所”）的“科湖号”考察船，从南京下关往上游安徽出发。就在出发的第二天中午，考察船途经安徽铜陵金牛渡江段时，考察团队员惊呼“白鱀豚”，众人朝江心看去，果然见到一群白鱀豚在水中嬉戏游弋。此时，距离周开亚发表第一篇白鱀豚论文，已经过去了整整 20 年。如今，他终于圆梦，第一次见到了活生生的白鱀豚。

1979 年至 1981 年，周开亚团队在长江下游 250 千米长的江段，先后进行了 6 次生态考察，认为长江下游可能生活着 3~6 个白鱀豚群体。

同时，南京师范学院对白鱀豚分类学研究也获得突破性进展。1978 年，周开亚向国际公布了自己的研究成果，认为白鱀豚与其他淡水豚类有着明显的差异，应独立建立一个新科，即“白鱀豚科（Family Lipotidae）”，这是 20 世纪唯一由中国人建立的哺乳动物新科，被列入海洋哺乳动物学会（The Society for Marine Mammalogy）发布的“海洋哺乳动物物种和亚种名录”（List of marine mammal species and subspecies），以及美国学术出版社（Academic Press）出版的《海洋哺乳动物百科全书》（*Encyclopedia of Marine Mammals*）。

1989 年 5 月 3 日，始终牵挂白鱀豚命运的周开亚，在国家农业部和世界自然基金会（WWF）的资助下，组织中外联合考察队，第三次深入长江干流，开展对白鱀豚的进一步调查（图 2-12）。但与 10 年前相比，白鱀豚已经十分罕见，一直到芜湖荻港一带，他们才第一次见到了白鱀豚的身影（图 2-13）。

图 2-12　长江考察期间，周开亚与 WWF 研究人员交流（南京师范大学生命科学学院 供图）

图 2-13　周开亚团队于 1989 年春季进行白鱀豚考察（南京师范大学生命科学学院 供图）

此次的调查结果，使周开亚充满忧虑。原本生活在宜昌至沙市河段的 7 个白鱀豚群体已经消失，原本白鱀豚个体数量众多的湖北观音州、湖南城陵矶和江苏镇江段已经很难观察到白鱀豚活动，几乎所有河段的白鱀豚群体都在不同程度地减少。此时，长江中白鱀豚总体数量可能只有 400 头左右，它们陷入生死攸关的种群危机。

白鱀豚的前世今生

（武汉白鱀豚保护基金会 供图）

漫漫进化之旅

白鳖豚是鲸豚类动物的一种，属鲸豚家族中齿鲸类海豚总科（Delphinoidea）下的白鳖豚科（Lipotidae），是白鳖豚科存在于全新世唯一的物种。

传统上，鲸豚类动物在哺乳动物当中单成一个“鲸目（Cetacea）”，其下分齿鲸亚目（Odontoceti）和须鲸亚目（Mysticeti）。但是古生物形态学和分子学研究结果显示，鲸豚类动物是由原始偶蹄目动物演化而来的，所以今天西方学者将鲸目和偶蹄目融合称为“鲸偶蹄目（Cetartiodactyla）”。

分子系统发育研究显示，鲸豚类与河马的关系最近，
因此鲸豚与河马在鲸偶蹄目
下被共同归为鲸河马

图 3-1　印原猪复原图（蔡沁　绘图）

印原猪

型亚目（Whippomorpha），原来的齿鲸、须鲸两个亚目则遭到降级，变成了“齿鲸下目”与“须鲸下目”。白鳖豚就是齿鲸下目的成员。

经过千万年水生演化适应，今天鲸豚类与牛、羊、鹿等陆生偶蹄动物差异巨大，几乎难以观察到任何相似点，但在最早期陆生原始鲸类身上，则体现出与早期偶蹄动物的演化衔接，其距骨上存在两个滑车，在哺乳动物中这一特征为偶蹄类所独有。

距今 4800 万年生活在克什米尔地区的印原猪（*Indohyus*），是已知和鲸豚类亲缘关系最近的史前偶蹄动物，这种动物拥有修长的四肢，显然是一种主要在陆地活动的动物，但它们已显示出半水生动物的迹象。其骨骼结构沉重，与今天河马的骨骼形态相似，有助于减少浮力，帮助自身长时间在水下以捕捉鱼和其他水生动物为食（图 3-1）。虽然印原猪的时代要比已知最早期的鲸类——巴基鲸略晚，但它们很可能代表了鲸豚类真正祖先的形态。

1983年，古生物学家在巴基斯坦特提斯海海岸，发现了一类早始新世的陆生鲸化石——巴基鲸（*Pakicetus*），时代距今约5000万年（图3-2）。巴基鲸是最早、最原始的鲸豚类，外貌似狼，头部呈圆锥形，眼位于颅骨上方（图3-3）。古生物学家推断，这是一种水陆两栖的古鲸，在海边生活，以捡食被海浪冲上海滩的鱼或其他水生生物为食。

巴基鲸

图3-2　巴基鲸复原图（叶健豪 绘图）

图3-4　陆行鲸复原图（叶健豪 绘图）

图 3-3　巴基鲸骨骼模型（摄于天津自然博物馆）

在巴基鲸之后，4800 万年前，巴基斯坦又出现了一类体形更大的两栖鲸，名为“陆行鲸（*Ambulocetus*）”（图 3-4）。相比巴基鲸，陆行鲸具有更多适应水生生活的特征，前后肢进一步缩短，具有长桨状的足，可在水中划水；下颌与中耳相连，有利于声波传至中耳，发展出适应水下环境的听觉系统。

陆行鲸

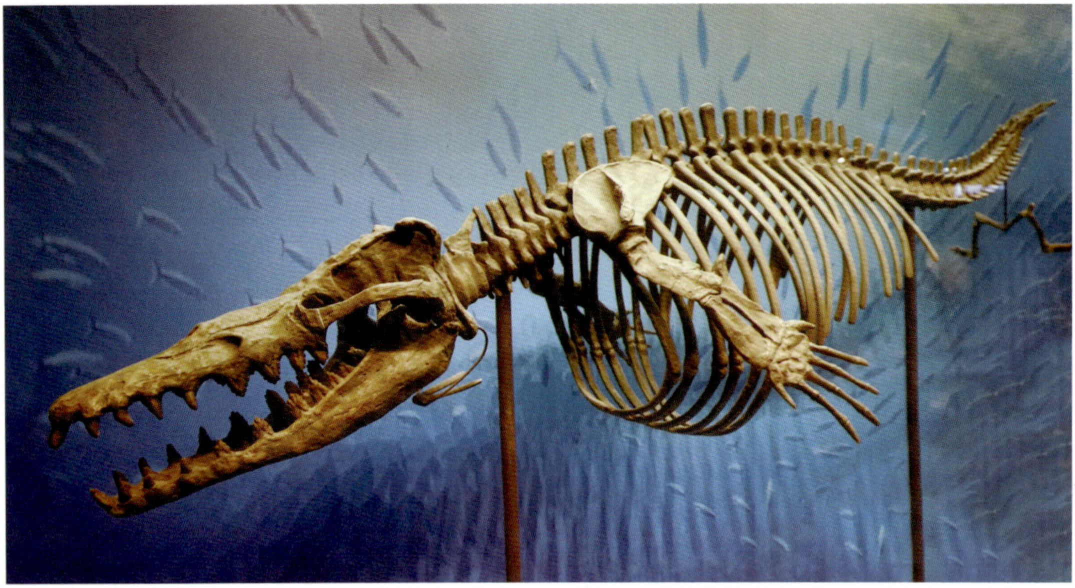

图 3-5　龙王鲸科的矛齿鲸骨骼模型（摄于天津自然博物馆）

时代较陆行鲸稍晚的罗德侯鲸（*Rodhocetus*），化石同样在巴基斯坦被发现，虽然仍是一种水陆两栖的鲸豚类，但罗德侯鲸表现出更多向现代鲸豚类演化的趋势，具有完善的水下听觉系统，后肢更为缩短，盆骨、脊骨和尾巴相对陆行鲸，也与现代鲸更为接近。

生活在始新世中晚期的龙王鲸科（Basilosauridae），是鲸豚类中最早完全水生的类型。从龙王鲸科的矛齿鲸（*Dorudon*）骨骼模型（图 3-5）可以看出，龙王鲸科的尾鳍已与现代鲸基本一致，前鳍也已完全呈桨状，后肢基本退化，鼻孔虽然尚未形成现代鲸的呼吸孔，但位置已开始后移，其身体表现出对完全水中生活的充分适应。

在始新世末，兴盛一时的龙王鲸因全球气候的剧烈变化而灭绝。但鲸豚类家族现存的两个分支——齿鲸类和须鲸类逐渐繁盛。最早的齿鲸化石发现于约 3000 万年前，最早的须鲸则从 2700 万年前开始出现。齿鲸和须鲸均被认为起源于渐新世时期，并逐步辐射适应到世界各个水域，从沿海到海洋、从热带到极地。

在早期鲸豚类动物分类中，白鱀豚曾被认为与南美的亚河豚、拉河豚同属一科，或与南亚的恒河豚归为一科。周开亚则于 1979 年指出，白鱀豚与南美、南亚的淡水豚均没有密切关系，应该独立为白鱀豚科，这一结论此后得到了国内外学者的普遍认可。最新的分子系统学研究显示，白鱀豚和亚河豚、拉河豚等各自代表了齿鲸家族演化过程中的不同支系，它们都在齿鲸类中构成单独的科一级分类（图 3-6）。

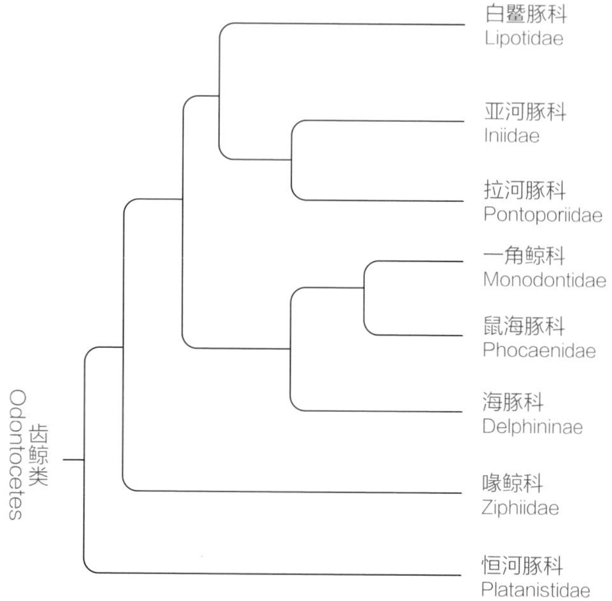

图 3-6　齿鲸类分类系统树

淡水豚

世界上的淡水豚

全世界的鲸豚中，总共有8种能够在淡水环境中生存，均为齿鲸类的成员。

在这8种鲸豚中，长江江豚、伊河海豚和土库海豚相比生活在海洋中的近亲，并没有明显的形态变化；且伊河海豚和土库海豚在适应淡水的同时，一些种群依然生活在海洋里。因此，严格意义上的淡水豚只包括中国的白鳖豚，南亚的恒河豚与印河豚（图3-7），以及南美的亚河豚与拉河豚（图3-8）。

图3-7　巴基斯坦西部河流中打捞的印河豚

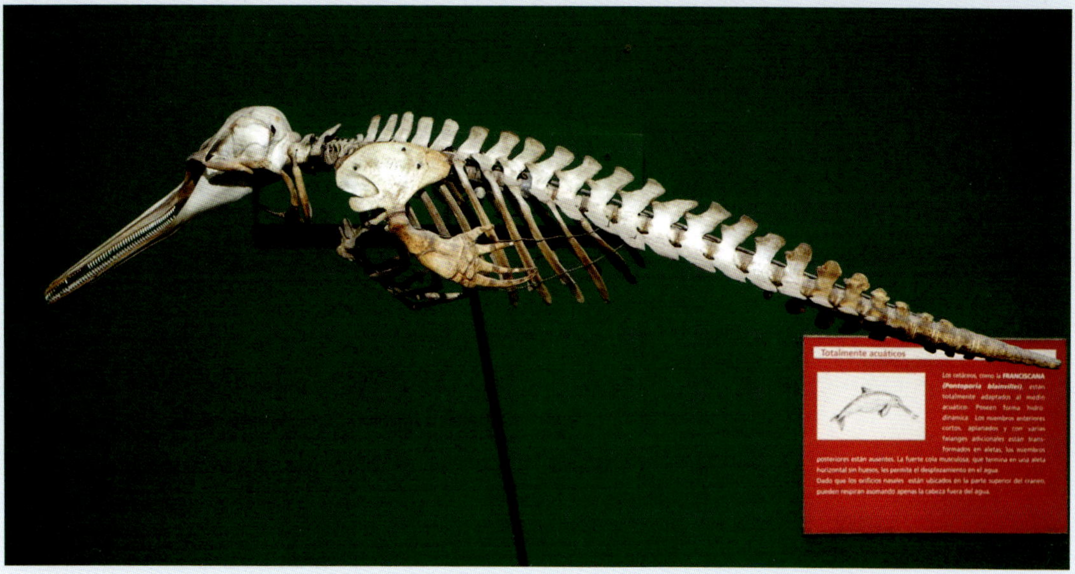

图 3-8　拉河豚骨骼（这是一种典型具长吻的淡水豚，但部分种群会进入近海和咸水河口生活）

这些淡水豚拥有一系列相似的特征，比如高而圆的额隆、退化的背鳍、缺乏较厚的鲸脂层、极其细长的吻部等，因此过去的动物学家认为它们同属一个淡水豚科。但根据近年来 DNA（脱氧核糖核酸）、分子学研究等新的研究结果，科学家发现，这些淡水豚彼此之间并没有亲缘关系，它们其实是由不同支系的齿鲸类进入淡水演化而成的。

之所以这些毫无亲缘关系的鲸豚，会演化出相似的结构特征，是由于它们生活在相似的生存环境中，因而产生了趋同演化。

为适应能见度极低的江河环境，淡水豚的额隆非常发达，额头高高隆起，能够强化回声定位能力。恒河豚的头骨还特化出了一种奇异的声呐罩，进一步扩大发射声波的范围。它们的视力则都变得非常差，双眼功能以感光为主，眼睛比例往往很小，恒河豚甚至几乎失明。

淡水豚缺乏高耸的背鳍。对于海豚而言，背鳍在高速游泳时起到保持平衡的作用，但降低了身体转向时的灵活性。由于淡水豚都生活在环境狭窄的江河之中，所以它们的背鳍都严重退化，以加强对淡水环境的适应。

淡水豚长着比一般豚类更加修长的吻部，牙齿尖利，便于它们在浑浊的水体中捕获鱼类。其中，恒河豚颌部前端的牙齿尤其发达锐利，最为特化。

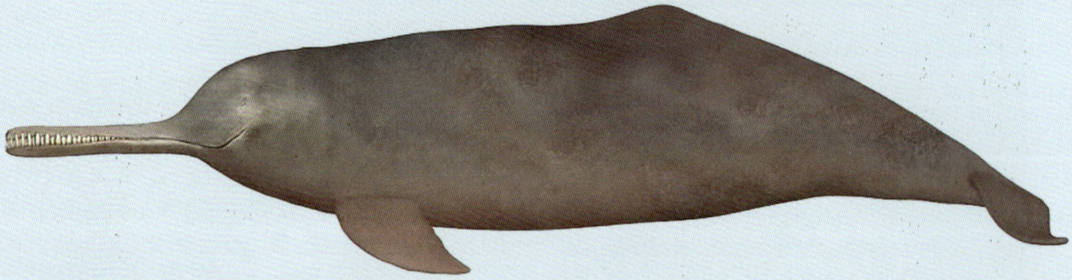

恒河豚

恒河豚（*Platanista gangetica*），分布于南亚恒河流域（印度、尼泊尔和孟加拉国），是淡水豚中分化最早、形态最进化的类群（图 3-9）。它们演化出了一系列其他淡水豚所不具备的特征，比如头骨的声呐罩、极端缩小的双眼（几近不可见）、高度发达的吻端牙齿等。根据推测，恒河豚的祖先可能比其他淡水豚更早进入淡水环境，并在河流中单独演化了相当长的时间。

生活在巴基斯坦印度河流域、印度西北部贝阿斯河的印河豚（*Platanista minor*）与恒河豚形态相似，曾经被视为恒河豚的亚种，但现在往往被另立为一个独立种。两种淡水豚都曾受到人类活动的严重威胁，均被世界自然保护联盟（IUCN）评定为濒危物种。

图 3-9　恒河豚（沈禹羲 制图）

图 3-10　亚河豚（沈禹羲 制图）

亚河豚

亚河豚（*Inia geoffrensis*），也叫亚马孙河豚，分布在南美洲亚马孙河流域以及马代拉河、奥里诺科河等（图 3-10）。与白鱀豚相反，雄性亚河豚体形比雌性大，最大雄性个体体长达 2.55 米，是体形最大的淡水豚。成年亚河豚身体表面大面积呈粉色，因此也被称为“粉红河豚”。亚河豚牙齿形态相比其他淡水豚更加粗壮，这使它们能够捕食一些亚马孙河中外皮粗厚的鱼类。

亚河豚在南美分布范围十分广泛，生活在不同区域的河豚构成了形态各异的种群，因此一些动物学家建议将这一物种划分为亚马孙河河豚、玻利维亚河豚、奥里诺科河豚和阿拉瓜亚河豚 4 种，但这一提案并未获得公认。由于受到水体污染、渔业捕捞等因素威胁，亚河豚数量呈减少趋势，被世界自然保护联盟评定为濒危物种。

图 3-11　郁江原白鳖豚已知唯一的化石记录（摄于广西自然博物馆）

迄今为止，白鳖豚的祖先仍没有定论。1981 年，广西桂平发现了一种鲸豚类下颌骨碎片化石，这件化石材料随后被命名为郁江原白鳖豚（*Prolipotes yujiangensis*），由于缺乏足以断定时代的化石证据，原白鳖豚的确切时代无法确认，据推测为 2000 万年前的早中新世（图 3-11）。周开亚等中国学者提出，这种动物可能代表白鳖豚的祖先。但西方学者则支持新西兰史前鲸豚学家罗伯特 · 尤恩 · 福代斯（Robert Ewan Fordyce）等人的观点，认为原白鳖豚的化石保存完整度过低，没有证据能够表明其与白鳖豚存在绝对亲缘特征，原白鳖豚这一命名应作为一疑名（Incertae sedis）看待。

1983 年，中国科学院古脊椎动物与古人类研究所李传夔等人发表的早中新世（约 1800 万年前）江苏泗洪动物群记述中，提及泗洪松林庄有豚类动物牙齿化石出土，尺寸与中到大型的豚类接近。泗洪动物群为一陆相化石动物群，在松林庄发现的其他化石，还包括鲤鱼、草鱼、鲢鱼、黄颡鱼等淡水鱼类，以及蛙、龟鳖、鳄类与河狸、古象等近水栖息的两栖或陆生动物，证明当时泗洪为淡水生境。在松林庄发现的这种豚类，很可能是一种淡水豚。

泗洪松林庄的记录证明，远古时期江苏地区已有淡水豚生存。但遗憾的是，泗洪的化石材料在被简述之后从未被研究发表过，且材料完整度要比在广西发现的原白鱀豚更低，同样不能确认和白鱀豚有关。

在西方，以福代斯、克里斯蒂安·德·穆伊松（Christian de Muizon）为代表的古鲸豚类学者，普遍认为晚中新世至上新世（距今 1000 万年—500 万年）栖息于太平洋的海生豚类副拉河豚（*Parapontoporia*）（图 3-12），是与白鱀豚关系最近的史前鲸豚，依据是两者类似的中耳构造。副拉河豚的晚中新世化石多发现于美国西海岸，至早上新世已扩散至日本，在地域上符合白鱀豚类出现在东亚的地理特征。另外在美国加利福尼亚州发现的一件化石，显示副拉河豚出现在近似淡水环境中，证明这类古豚有适应淡水的能力。

不过，副拉河豚生长有极度拉长的吻部，其吻相对白鱀豚要长接近一倍，这在海豚总科中代表一个极度特化的形态，且与白鱀豚的特化方向截然不同。因此，这类古豚是白鱀豚祖先的可能性也值得怀疑。

图 3-12　太平洋副拉河豚复原图（陈瑜　制图）

2024 年，新的化石材料为白鱀豚东亚起源提供了更有力的证据。日本群马县立自然博物馆的古生物学家木村敏之、长谷川善和，根据日本群马县和栃木县出土的两件不完整头部化石，命名了一种新的史前白鱀豚科物种——日本始白鱀豚（*Eolipotes japonicus*），其年代为距今 1100 万年的晚中新世（图 3-13）。

始白鱀豚的头骨构造与副拉河豚类似，但体形更小，据估计体长约 2.17 米，是目前已知最小的白鱀豚科物种。相对白鱀豚，始白鱀豚在亲缘关系上和副拉河豚更接近，其化石出土地层同样为海相沉积，应该仍是一种海生豚类。但根据头骨保存情况，始白鱀豚的吻部应比副拉河豚短，其地理分布也与白鱀豚更加接近。因此，这种古豚很可能与白鱀豚的起源密切相关。

当始白鱀豚在史前日本海遨游时，同一时期，中国是否也有始白鱀豚分布呢？遗憾的是，由于中国新生代海相沉积相对匮乏，所以相比日本，国内目前出土的史前鲸豚化石相当少。但我们可以推测，在晚中新世，始白鱀豚应该也游弋于中国东部海域，也许正是它们的一支后裔，在距今 1000 万年内的某个时间段进入了长江，最终演化为构造奇异的长江女神白鱀豚。这里只是描绘这一演化历程，我们还需要等待更多化石记录的支持。

图 3-13　日本始白鱀豚复原图（沈禹羲 制图）

长江女神面面观

白鱀豚长什么样

相比长江江豚，白鱀豚的体形要大得多，且雌性体形普遍大于雄性（图 3-14）。根据对 35 头成年白鱀豚个体的统计，成年雌性平均体长 2.27 米，平均体重 127 千克；成年雄性平均体长 1.98 米，平均体重 87.4 千克。

目前，已知最大的白鱀豚是 1974 年湖北洪湖被炸死的五头豚中最大的一头雌性。这头雌性白鱀豚体长 2.53 米，体重达 237 千克（图 3-15）。初生幼豚体长约 0.9 米，体重不足 7 千克。

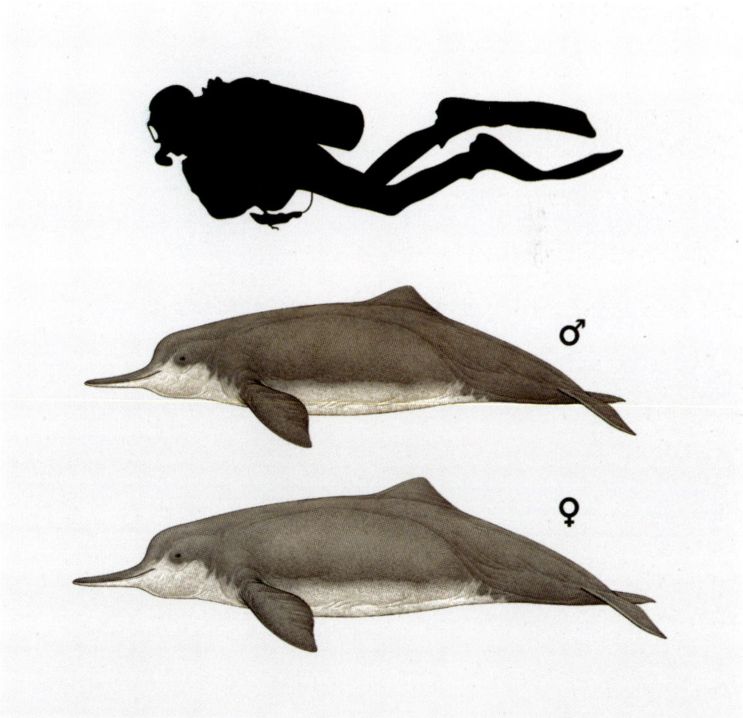

图 3-14　雄性白鱀豚（上）、雌性白鱀豚（下）体形与成年男性潜水员（身高 1.8 米）对比图（陈瑜　制图）

图 3-15　1974 年湖北洪湖被炸死的最大个体雌性白鱀豚标本（摄于中国科学院水生所水生生物博物馆）

白鱀豚形态外观优雅而协调，它的身体呈纺锤形，背部为青灰色，腹部呈白色（图 3-16）。如果仔细观察，还能够发现它们的身体上生有白色斑纹；头颈部两侧耳孔后及鳍肢上方，有一半圆形白色宽纹；肛门上方尾柄两侧，有两道半月形白色宽纹。春季时，成年白鱀豚头部面颊及整个腹部呈现胭脂色，这是繁殖交配季节出现的一种特殊婚姻色。新生幼儿体色较成年白鱀豚体色略深，背部为深青灰色，腹部为浅灰色。

图 3-16　白鳖豚形态外观（南京师范大学生命科学学院　供图）

和江豚相比，白鱀豚代表形态更加特化的长吻型淡水豚，其上下颌形态狭长，下颌略长于上颌，吻部末端微向上翘，上下颌密集排布着整齐的同型齿，牙齿形态细小尖锐，口中一般共有约 130 颗牙齿（图 3-17）。细密的尖牙有助于它们更好地咬住鱼类，防止猎物挣脱。白鱀豚雄性头骨的长度为 472~510 毫米，雌性头骨为 530~650 毫米，吻长占头骨全长的 67.8%~71.0%，下颌骨长占头骨全长的 88%~92%（图 3-18）。

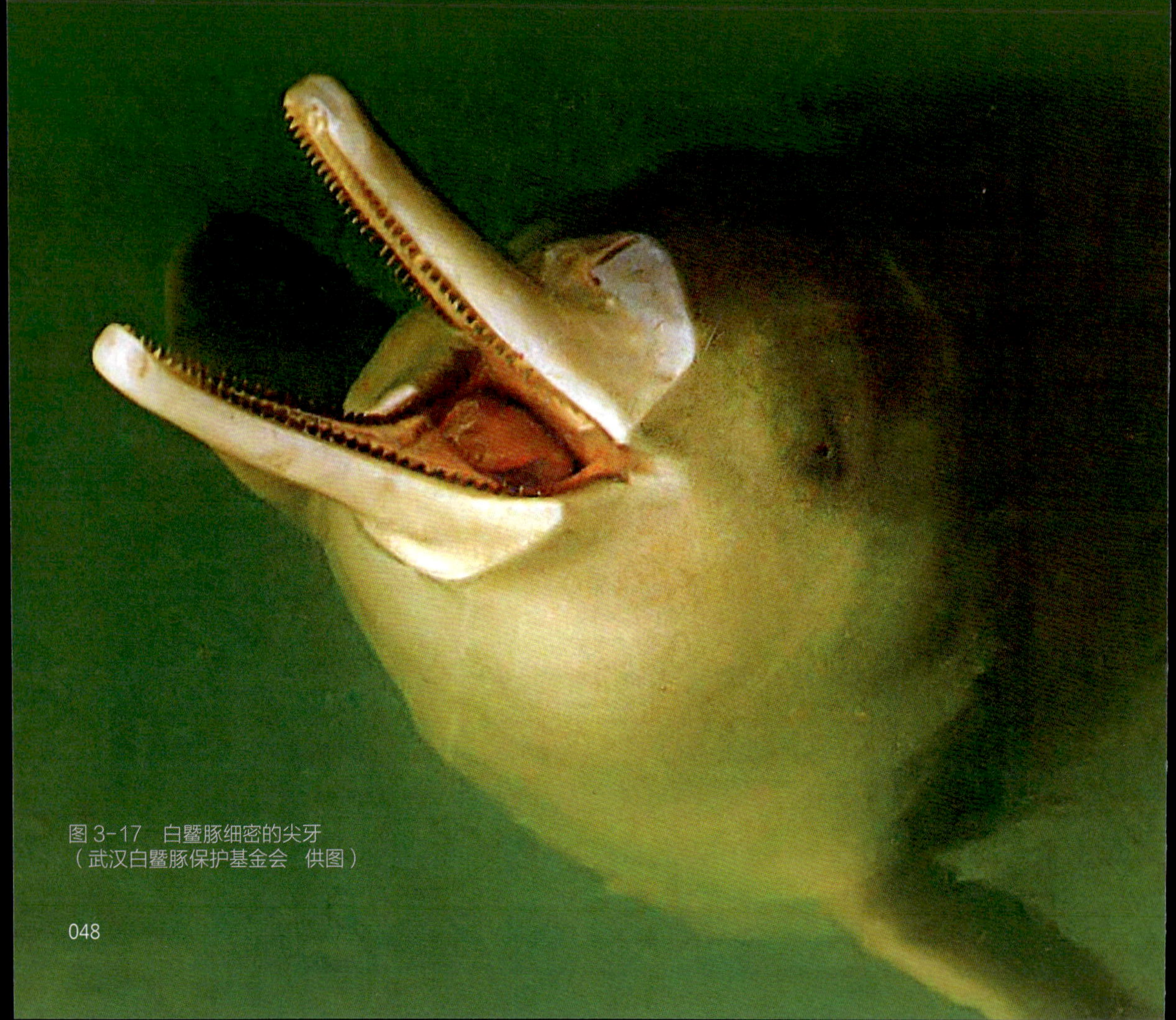

图 3-17　白鱀豚细密的尖牙
（武汉白鱀豚保护基金会　供图）

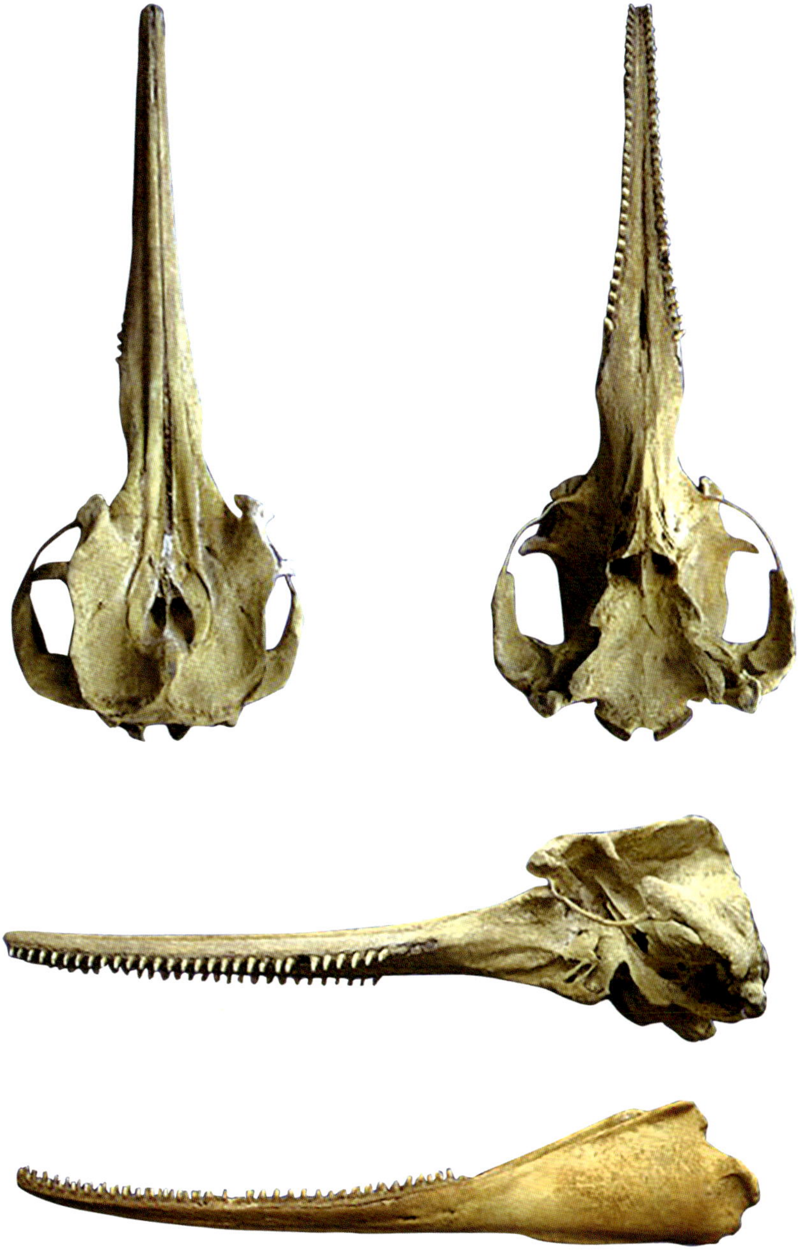

图 3-18　1979 年采集于池州江段的白鱀豚头骨，现保存于南京师范大学
（南京师范大学生命科学学院　供图）

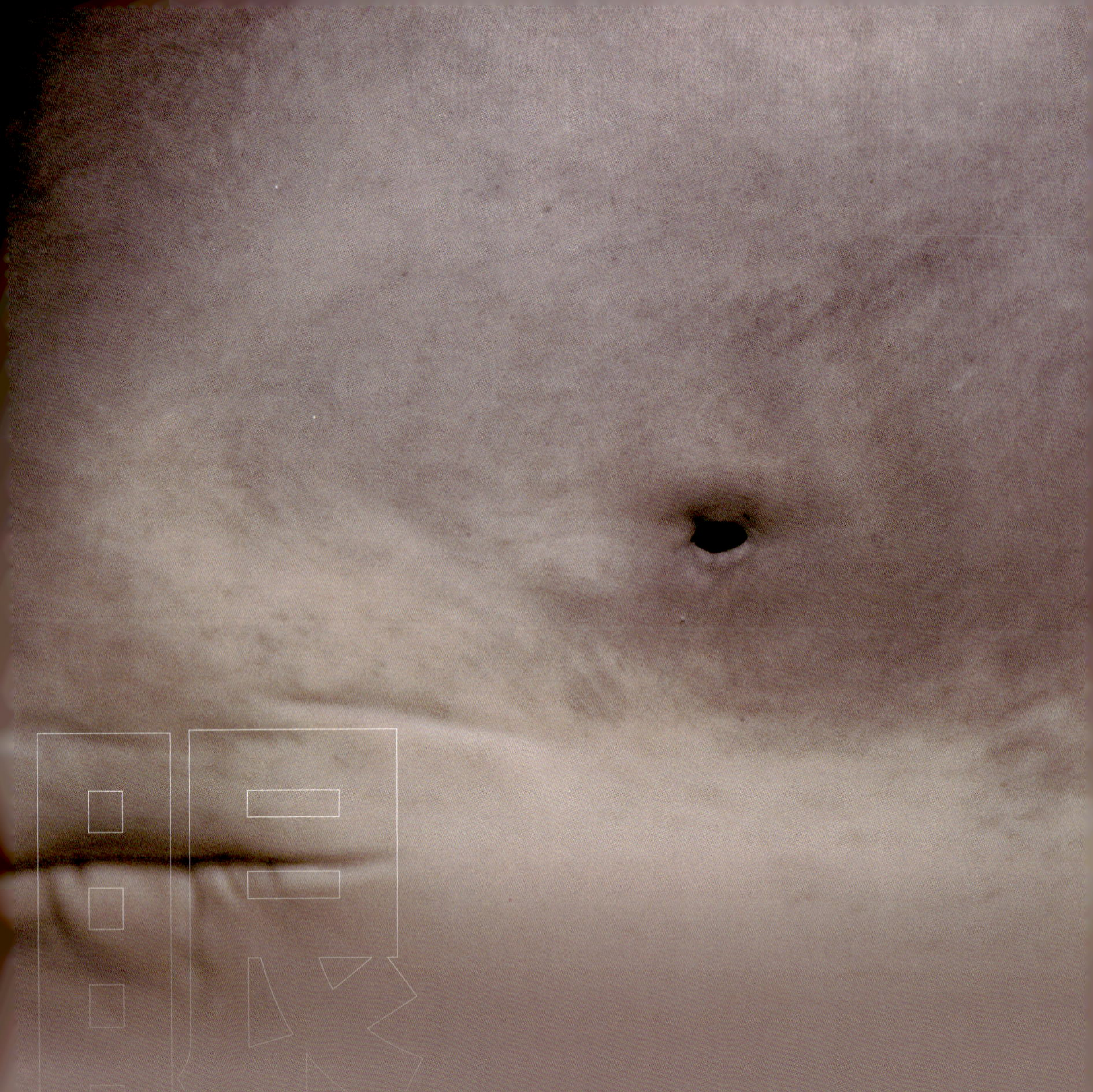

眼

图 3-19　白鳖豚的眼部特写（武汉白鳖豚保护基金会 供图）

白鳖豚额头与江豚一样高高隆起，额隆起声呐的功能，有助于增强其发出与接收声波、进行回声定位的能力，以此确定食物和同类的方位。它的眼睛则非常小，几乎只有绿豆粒一般大，相较于仍保留一定视力的江豚，白鳖豚的视力几乎完全退化（图 3-19）。

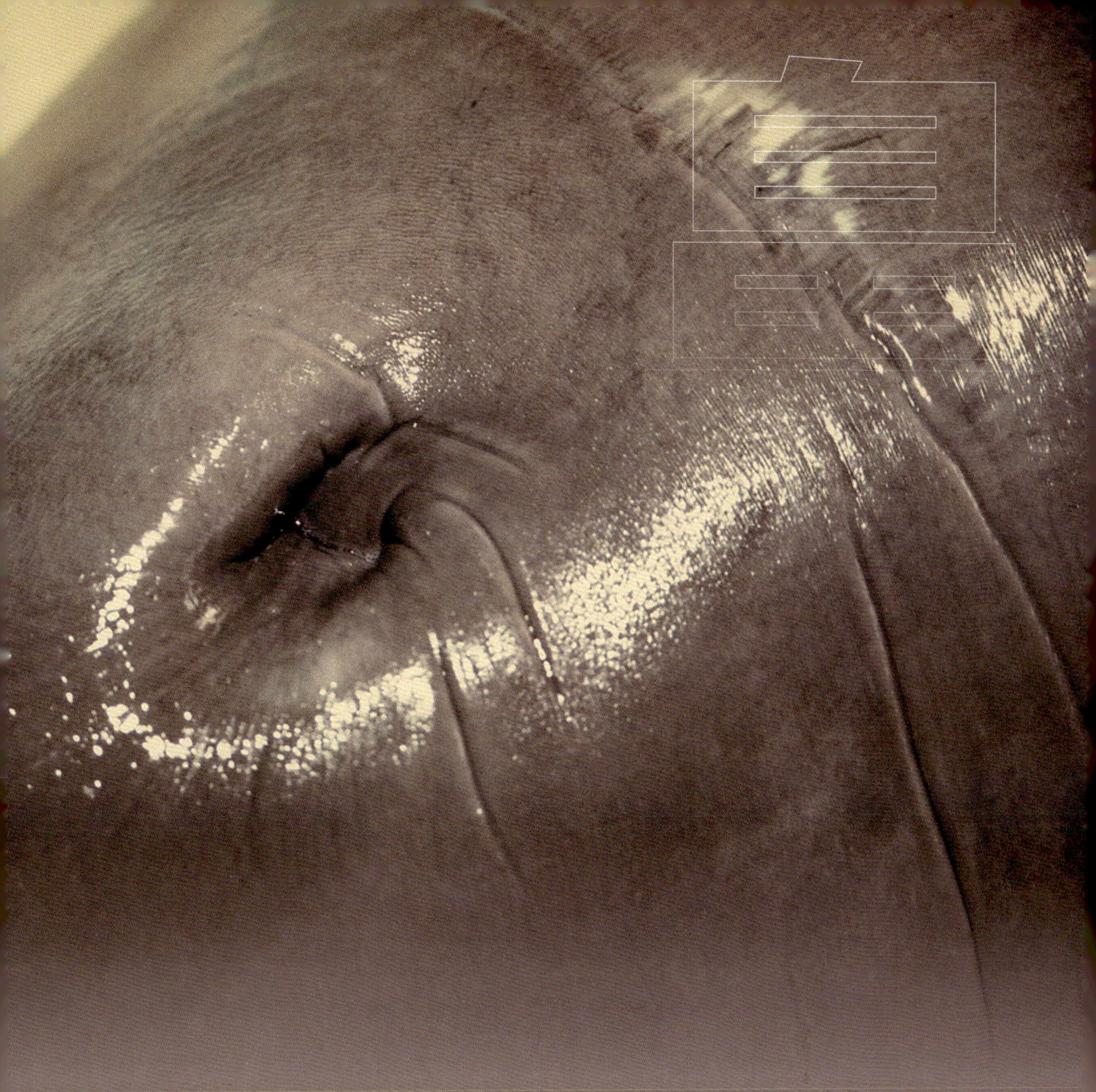

图 3-20　白鳘豚的呼吸孔（武汉白鳘豚保护基金会　供图）

白鳘豚的呼吸孔生长在额隆后面的头顶部，为一纵向的长圆形孔，由于在水下活动时呼吸孔长时间关闭，白鳘豚等鲸豚类动物基本失去了嗅觉（图 3-20、图 3-21）。与其他鲸豚一样，白鳘豚没有外耳，耳孔尺寸极小，直径仅 1 毫米左右。

图 3-21　捕鱼时出水呼吸的白鱀豚（武汉白鱀豚保护基金会 供图）

鳍

与江豚一样，白鱀豚身体前三分之一处发育有一对鳍肢，后肢则完全退化；尾部生长着扁平、非骨质的尾叶，横向分为左右两叶，中央有一尾凹，游泳时靠尾部上下摆动，推动身体前进（图 3-22）。但白鱀豚背部生长着一个较低的背鳍，鳍内无骨，由高密度的结缔组织构成，这一特征是江豚所不具备的。

雌性和雄性白鱀豚的区别，主要体现在生殖孔的形态、位置以及乳窦的有无。雌性生殖裂后端紧接肛门前方，生殖裂左右外侧各有一个乳裂，乳裂里面包有一个乳头。雄性生殖孔中心位于其身体三分之二处，距离肛门较远，生殖孔两侧无乳裂，紧接肛门的前端则有一小孔。

图 3-22　白鱀豚尾鳍（武汉白鱀豚保护基金会 供图）

白鳘豚的回声定位

由于长期生活在能见度极低的江水中，白鳘豚的眼睛在水下看不清物体，所以它们演化出了发达的回声定位和探测能力。通过发射我们人耳听不到的超声波，它们能够通过回波辨认方向或寻找食物，这与蝙蝠在夜空中的回声定位非常相似，像海豚、长江江豚等鲸豚类动物，也都具有类似的回声定位能力。

那么，白鳘豚的回声信号是如何产生并传递信息的呢？首先，白鳘豚会将吸入的气体进行压缩，接着进行高速振动，产生超声波，而后经过额头突起部位的聚焦放大向外界发射。白鳘豚的额头要比海豚更大，无疑更好地起到了扬声器的作用。当发出的声音碰到物体时，会反射回来，这时，白鳘豚靠下颌也就是下巴部位的脂肪块，接收反射回来的声音，声音再传到内耳，经过大脑分析判断后，就能够知道外界的情况了（图 3-23）。

这个过程看起来似乎很长，但声音在水中传播的速度要比在空气中快得多，所以在水下，白鳘豚几乎瞬间就能够完成回声定位。

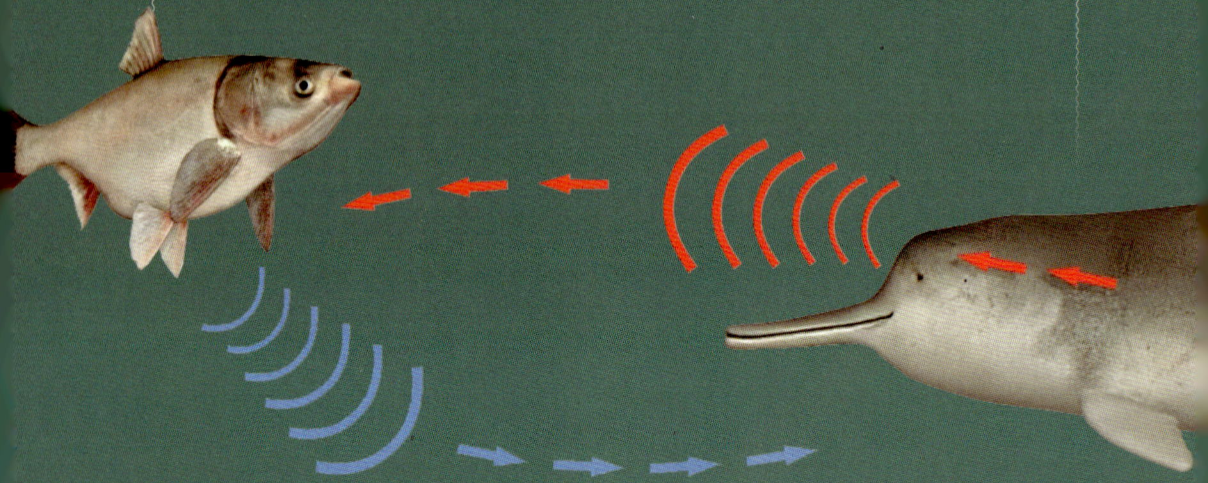

图 3-23　白鳘豚回声定位示意图（红色为白鳘豚发射的声波，蓝色为碰触到对象物体反射的声波）（沈禹羲　制图）

白鱀豚爱吃什么

白鱀豚一般在清晨和傍晚觅食，它们喜欢在靠近沙洲的浅滩，或支流河口的浅水区捕鱼。这些区域水流较缓，生物资源丰富，是鱼类活动和白鱀豚摄食的重要场所。

根据水生所对 12 头白鱀豚胃内容物的分析，可以明确白鱀豚基本只以鱼类为食，内容物中部分植物性食物，可能是白鱀豚误吞入胃中的，和它们的食性没有密切关系。白鱀豚所食鱼类包括鲤鱼、鲢鱼、鳙鱼、草鱼、青鱼、三角鲂、赤眼鳟、鲶鱼和黄颡鱼等。其中，小个体的鲢鱼是白鱀豚最喜欢的食物之一（图 3-24）。白鱀豚的食物中既有在水体上层活动的鲢鱼，也有底栖的鲶鱼和黄颡鱼，表明白鱀豚能捕食生活在江中不同深度的鱼，对鱼的种类没有明显的选择性。

白鱀豚所食鱼类体长一般不超过 25 厘米，有记录白鱀豚吞吃下最大的食物是一条体长 50 厘米、体重 1.2 千克的鲢鱼。结合水生所饲养白鱀豚淇淇（图 3-25）的食性，可以推测白鱀豚最适口的食物，为体重 100~250 克中等个体的鱼类。白鱀豚一般不吃大鱼，但也不喜食个体太小的鱼类，摄食范围相对长江江豚（以短颌鲚和贝氏䱗为主食）略大。

图 3-24　小个体的鲢鱼是白鱀豚最喜欢的食物之一（南京江豚水生生物保护协会 供图）

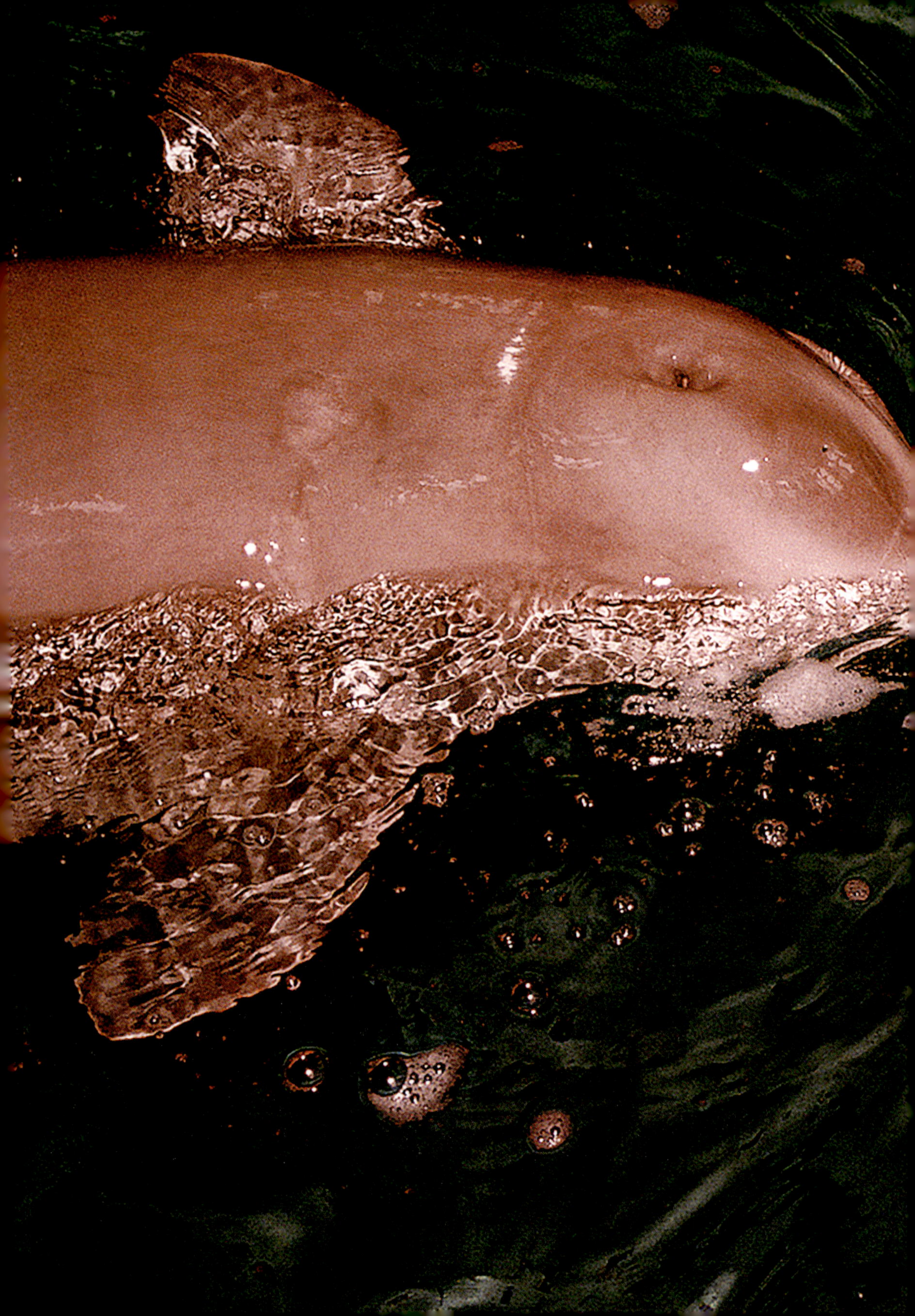

食

图 3-25　正在捕鱼的白鱀豚淇淇（武汉白鱀豚保护基金会　供图）

由于白鳖豚吻部修长，牙齿多且尖锐细密，上下相嵌分布，非常适合咬住鱼类身体，所以鱼类一旦被白鳖豚咬中，就很难逃脱（图 3-26）。一些鲢鱼、鳙鱼等大型鱼类，即使能够挣脱白鳖豚的利齿，之后也会因鱼鳍、鱼鳞被严重破坏而死亡。

在攻击猎物时，白鳖豚首先会将鱼类牢牢咬住，然后摆动头部，利用惯性将鱼头顺向自己的咽喉，以确保鱼的鳍刺顺向滑过，不致扎伤食道。之后便狼吞虎咽，将整条鱼囫囵吞下。有时为了嬉戏玩耍，白鳖豚也会将捕到的鱼反复咬住又放掉，直到鱼精疲力竭，才张开大嘴将其吞下（图 3-26）。

相比短吻、牙齿呈扁铲状的江豚，白鳖豚无疑具有更高的捕食效率。有趣的是，白鳖豚能够群体配合，协作捕鱼。群体合作时一群白鳖豚呈扇形散开，个体大的处在扇形两端，个体小的居中向鱼群推进，接近鱼群后迅速形成一个圆形包围圈。鱼群因受惊不断跳出水面，此时白鳖豚便冲入包围圈，大快朵颐。

白鱀豚食量极大，一天的食鱼量几乎相当于其体重的十分之一。惊人的食量，离不开消化系统的支持。白鱀豚的胃部分成四室，前三室为主胃，第四室为幽门胃（图 3-27）。和亚河豚等其他淡水豚相比，白鱀豚没有前胃，这是白鱀豚科与亚河豚科的主要区别之一。白鱀豚的肠道同样发达，肠的长度为体长的 12~16 倍（图 3-28）。构造繁复的消化器官，使白鱀豚拥有极强的消化能力，被吞食的鱼在其主胃一室开始便被磨碎并初步消化，之后进入后方三个胃室被进一步消化吸收，到最后排出的粪便质细如泥，已几乎观察不到任何鱼骨的痕迹。甚至被白鱀豚误食的金属制鱼钩，都能够被其胃酸腐蚀分解为数段。

图 3-26　正在捕鱼的白鱀豚淇淇（武汉白鱀豚保护基金会　供图）

忆

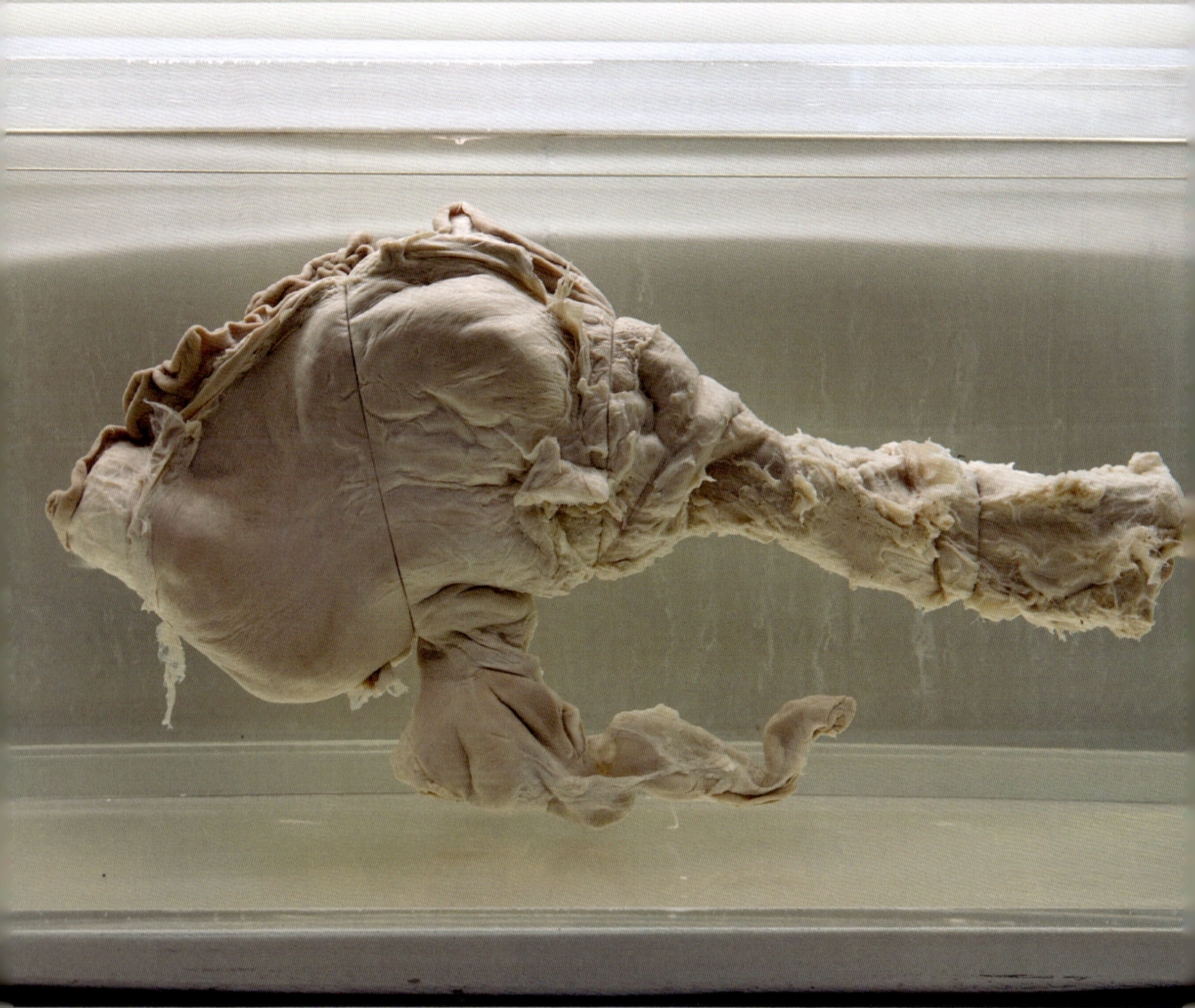

图 3-27　白鳖豚的胃部（摄于江苏省淡水水产研究所标本室）

图 3-28　白鱀豚的肠道（摄于江苏省淡水水产研究所标本室）

白鳖豚的繁殖

白鳖豚的繁殖全年均有发生，但一年中有两个明显的高峰期，即春季的 4—5 月及秋季的 8—9 月，尤其以春季最为强烈。

在交配繁殖期间，雄豚在后激烈追逐雌豚，并用吻突、头颈触压雌豚，二豚相互摩擦身体，扰动江面水花四溅。交配时雄豚压于雌豚背上，雌豚迅速转体，两豚腹部紧贴，水面上可见双尾重叠，前后摆动 3~5 次。约数十秒后两豚头部紧贴着出水，然后降落入水，如此往复数次，完成交配。

根据对白鳖豚胎儿（图 3-29）和幼崽体形的观察，水生所刘仁俊研究员推测，白鳖豚怀孕时长为 10~11 个月，绝大多数情况下一胎一崽，少数可能有怀二崽的情况存在，但没有证据能证明双胞胎产下之后是否均能成活。

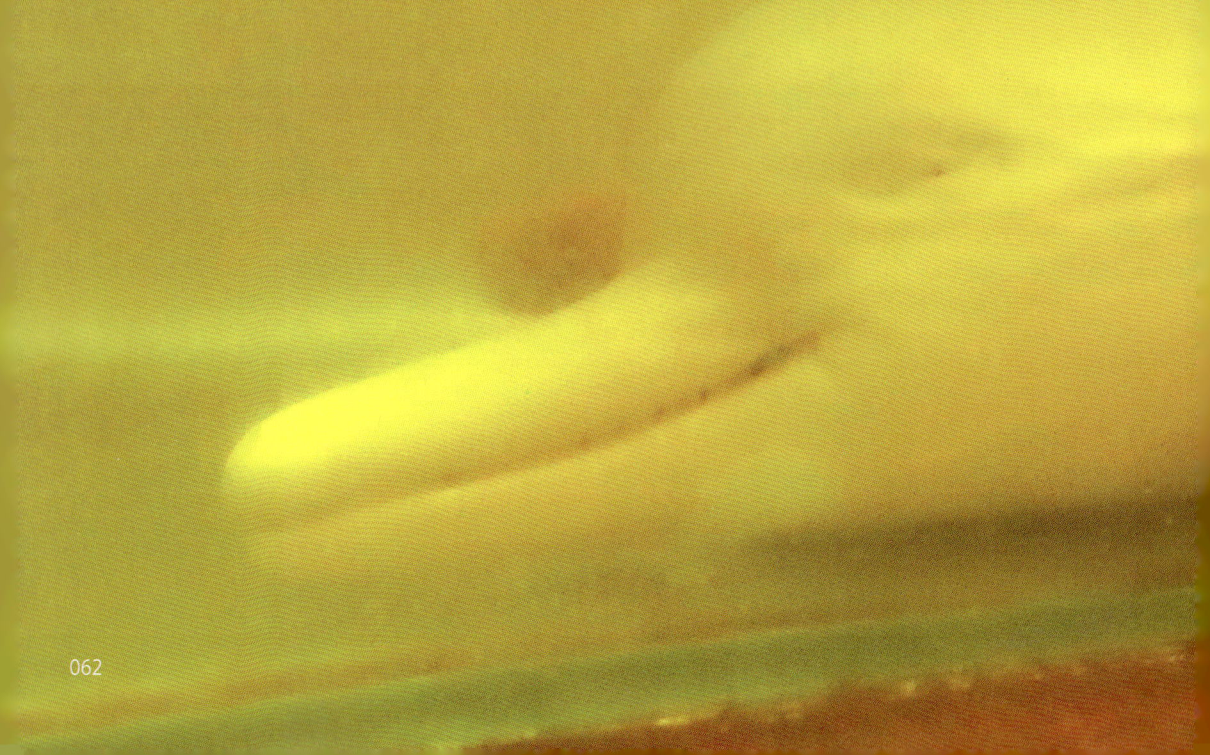

在产仔时，幼豚尾巴先从母体脱出，最后脱出头部。新生的白鳖豚幼崽，上颌背面左右有五对不对称的白色短须，到 1 岁之后，这些短须全部脱离，只剩下不明显的白色斑点，成年之后，这些斑点就基本消失。幼崽带有须毛这一特性，在江豚身上也能够观察到，这是鲸豚类作为披毛哺乳动物原始特征的孑遗。

繁殖

图 3-29　白鳖豚胚胎标本（摄于中国科学院水生所水生生物博物馆）

幼豚出生不久后即需哺乳，为了便于幼豚找到乳头，母豚会把身体侧向一边，露出腹面给幼豚。在幼豚吸奶时，母豚通过肌肉强有力的收缩，将乳汁喷入幼豚口中，加快水中的哺乳过程。为了让稚弱的幼豚不致溺水，母豚会用背驮带幼豚，或用一侧的胸鳍托住幼豚，帮助幼豚学会游泳，这种行为在长江江豚的育幼过程中也经常出现（图 3-30）。幼豚不到一岁便开始断奶，学习独自捕食，但幼豚何时完全离开母豚独自生活，或雌性幼豚是否会在成年后继续与母豚共同栖息，则缺乏足够的研究佐证。

图 3-30　正在驮带幼豚的长江江豚（武家敏 供图）

好动又团结的长江女神

白鱀豚绝不是一种孤僻的动物，根据长江科考记录，白鱀豚常常少则 2~3 头、多则 5~6 头共同活动，有时甚至能目击到十多头白鱀豚前后同游，群体由老年豚、壮年豚、幼豚构成。群体行进时，大个体的成年或老年豚在前导游，带崽母豚居中保护幼崽，未成年豚则在后尾随。1987 年，在安徽铜陵江段发现了一头在水中嬉戏的白鱀豚（图 3-31）。1993 年 11 月 2 日，在安徽铜陵七里矶江段发现了 3 头前后共游的白鱀豚（图 3-32）。

当发现威胁，如大型船只接近时，大群白鱀豚能够迅速分解为数个小群体，向不同方向深潜，有时潜水时间长达 6~7 分钟，待危险过后再重新集合。在集群捕食时，各个小群的白鱀豚也会集聚为大群，嬉戏玩耍时则分散开来。大量观测记录均显示，白鱀豚是一种具有复杂社会行为的群居动物。

白鱀豚游泳时腹面朝下，靠尾部上下摆动推动身体前进。当探测前方目标时，其头部会不断左右摇晃。根据对圈养个体的观察，白鱀豚除正常泳姿外，还有多种不同的游泳姿势。

图 3-31　1987 年，安徽铜陵江段，野生白鱀豚在水中嬉戏（章贤　供图）

侧泳： 这是白鳖豚较为常见的游泳姿势，此时白鳖豚以顺时针方向迅速侧向转动身体 90 度，随即向前窜游，速度比正常游泳时大大加快。而后则逆时针方向回转身体，恢复正常泳姿。这种姿势一般在水面进行，有时胸鳍露出水面，多出现在白鳖豚较为兴奋的时刻。

仰泳： 白鳖豚以顺时针方向侧向转动身体 180 度，腹部朝上，有时腹面的前半部包括吻部、胸鳍都暴露在水面。仰泳多出现在白鳖豚活动比较激烈的时段，有时在活动平缓期也会出现。

图 3-32　1993 年 11 月 2 日，在安徽铜陵七里矶江段发现 3 头前后共游的白鳖豚，照片记录到其中的 2 头个体（章贤　供图）

滚泳： 当白鱀豚处于高度兴奋状态时，常可见到它快速连续滚动身体，同时向前游进，滚体可达360度，这可能是白鱀豚的一种嬉戏行为。

跳跃： 与大多数海豚不同，跳跃对白鱀豚是一种比较少见的行为。跳跃时身体猛然前冲，跃出水面，背部拱起，体轴成弓形。入水时吻部首先碰触水面，尾部最后入水。

直立： 白鱀豚的直立有两种状态，一种是以正常姿势快速向前游动，然后突然停住，身体乘势向上窜起，使背鳍以上的身体部分直立于水面之上，同时头部左右剧烈摆动，发出吱吱的叫声，是一种极度兴奋的表现。另一种是白鱀豚静静地将头伸出水面，身体直立于水中，静观周围事态，类似其他鲸豚的浮窥行为。

倒立： 这是一种极少见的行为形式。倒立时，白鱀豚吻部垂直指向水底，维持在原处，并不立即下潜，尾鳍伸出水面小幅度摇摆，数秒后才迅速潜下，向深处游去。

浮卧： 白鱀豚夜间休息时，会将身体舒展伸直漂浮在水面上，鼻孔及头部的上端露出水面，尾部摆动频率降低，缓慢地向前滑行，保持身体不致下沉。

与长江江豚一样，白鱀豚也存在“拜风”行为。所谓“拜风”，就是当风浪较大时，江面上可以观察到淡水豚出水比平常更高，甚至成群结队跃出水面的行为。在洞庭湖等地，淡水豚“拜风”被渔民视作大风暴雨来临前的预警象征，一旦有此“信号”，渔民们就紧急收帆停网，返岸归港。

“拜风”行为的产生，据推测是因天气变化之前气压较低，淡水豚必须加快呼吸频率，因而露出水面很高，头部大多朝向起风的方向“顶风”出水，以获得足够的氧气。不过与长江江豚不同，白鱀豚即便是“拜风”时，也几乎不会将整个身体跃出水面，这可能与它们身体构造较笨拙有关。

白鳘豚是一种非常活跃的动物，即便单头饲养在人工水池中，也非常乐于嬉戏玩耍（图 3-33）。它们会用身体摩擦橡皮水管、用吻部咬住落在水面上的昆虫或其他异物，将其反复咬住再放开。有时用尾鳍使劲上挑，连续多次将水花挑向天空，与投入水中的球、救生圈等物品的互动也非常积极。但遗憾的是，由于对白鳘豚群体的观测不足，我们对野生白鳘豚个体之间的嬉戏行为缺乏更多了解。

图 3-33　在嬉戏玩耍的白鳘豚淇淇（武汉白鳘豚保护基金会　供图）

生存挑战，何以濒危

图 3-35　白鳖豚被滚钩刮得伤痕累累（武汉白鳖豚保护基金会　供图）

图 3-34　使用滚钩捕鱼的渔民（周开亚团队拍摄，南京师范大学生命科学学院 供图）

作为一种典型的食鱼动物，白鳖豚需要大量的鱼类资源供应，才能够在长江中生存，这就意味着它们容易与渔民发生矛盾。渔业资源的衰减不仅使得白鳖豚面临饥荒，同时一些非法捕鱼活动也会对白鳖豚的生存造成威胁。

由于航道开发、水利设施建设、过度捕捞、环境污染、围湖造田等众多因素的影响，长江鱼类资源不断减少，渔民捕鱼变得愈发困难，从 1949 年到 1981 年，洞庭湖渔业产量减少了 55%，一些渔民开始使用滚钩等各种非法渔具（图 3-34）。

所谓滚钩，一般以一根坚韧的主线为主体，主线上每隔一定距离拴上子线和铁钩。在捕鱼时，渔民会将滚钩横拦在水面上，顺水流冲刷，一旦有大鱼经过，就会被锋利的钩子钩住，越是挣扎，身上的钩子就越多，越是难以脱身，而白鳖豚在追捕猎物的过程中，也容易被滚钩困住，导致死亡。图3-35展示的便是被滚钩刮得伤痕累累的白鳖豚。

根据资料显示，从 1973 年到 1983 年，水生所共获得了 33 件意外死亡的白鳘豚标本，其中滚钩致死数量占 45.45%，螺旋桨击毙占 6.1%，搁浅和捕捞占 18.18%。这三者是导致白鳘豚意外死亡的主要因素。

除此之外，电鱼和炸鱼也会对白鳘豚的生存构成威胁。比如 1984 年 3 月 16—21 日，几名安庆渔民在宿松县江段炸鱼时，先后炸死 6 头白鳘豚，后运往江西湖口县和彭泽县出售。1984—1996 年，湖北、安徽和江苏都相继发现过被电死的白鳘豚（图 3-36），其中在江阴市韭菜湾水域发现的个体是一头怀孕的雌豚，体内发现一个已经成熟的胎儿。

长江愈发密集的航运，对白鳘豚的生存也造成了严重威胁。航运船只发出的嘈杂噪声，极大地干扰了白鳘豚回声定位能力。野外观察发现，生活在港口区附近的白鳘豚对船舶噪声表现出明显的惊恐不安，最终被迫迁徙。再加上白鳘豚有着潜水转换方向的习性，因此更容易被往来船只的螺旋桨打伤、打死（图 3-37）。

1973—1983

33 件标本

滚钩致死占 **45.45%**

螺旋桨击毙占 **6.1%**

搁浅和捕捞占 **18.18%**

右上：图 3-36　被电死的白鳘豚（武汉白鳘豚保护基金会 供图）

右下：图 3-37　被螺旋桨切开的白鳘豚（武汉白鳘豚保护基金会 供图）

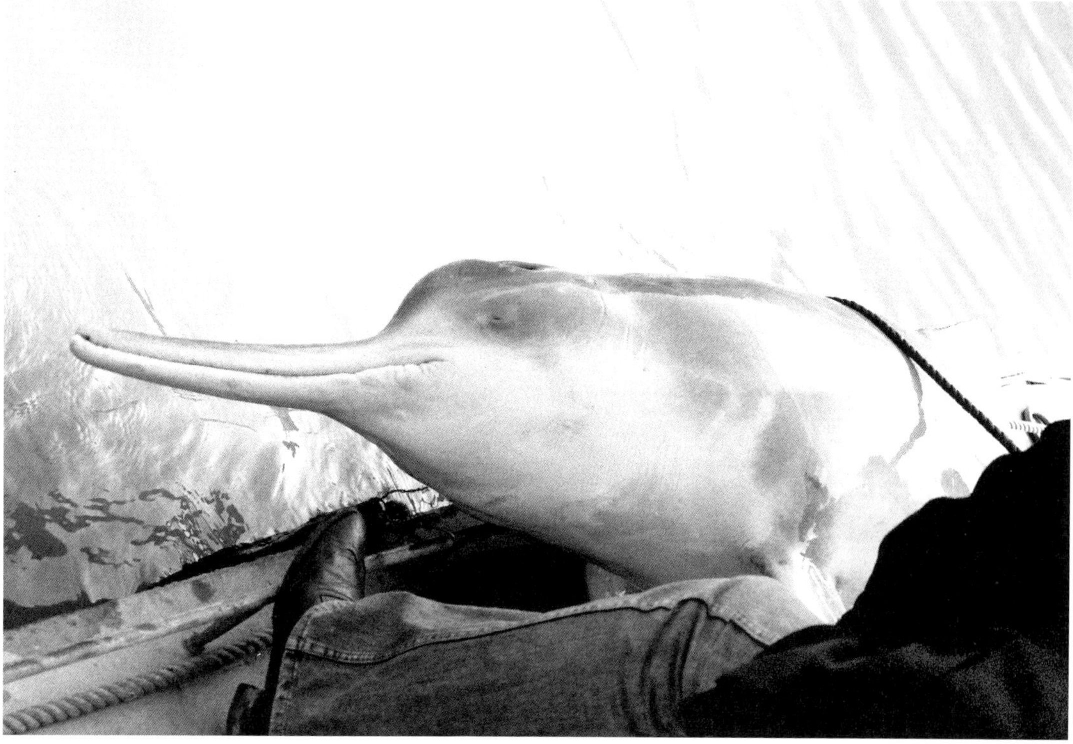

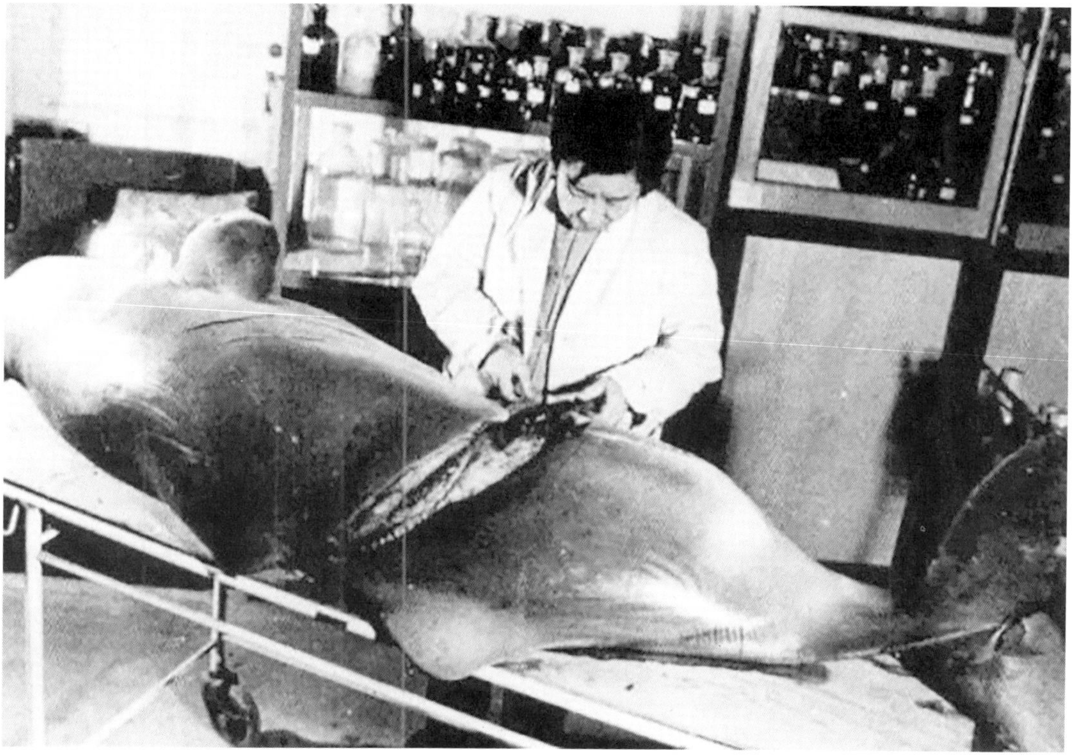

根据南京师范大学的统计，1979—1981 年间，仅南京至池州江段就发现死去的白鱀豚 16 头，其中一半的死因都是被螺旋桨击毙。

白鱀豚作为生态系统的旗舰物种，对水质的要求极高。20 世纪 70 年代以来的数次科学考察表明，白鱀豚无法在严重污染的水域内活动。研究人员曾经解剖过一头 1982 年 2 月 11 日在南京梅子洲段发现的雌性白鱀豚尸体，虽然这头白鱀豚的死因是被滚钩击伤，但在它的肌肉中检测出了大量的酚、氢和汞等重金属残留，表明水污染对白鱀豚的严重影响（图 3-38）。

另外，虽然沿江居民很少直接食用白鱀豚的肉，但仍有一些地区的渔民，迷信白鱀豚的脂肪能够入药，因此对白鱀豚进行偷猎捕杀。

自新中国成立以来，随着社会稳定，为促进经济发展，同时也为工农业用水提供稳定的水源和能源，沿江各地兴起了修建水利设施的浪潮。但是，各种新兴的水利设施对白鱀豚来说是一种全然陌生的存在，导致它们受到伤害。比如 1979 年 2 月，一头雄性白鱀豚误入泰兴县马甸镇（注：原记载为马旬，经查并无此地名，疑是笔误）的通江河闸时，就被吸入闸门而死。

另一方面，水利设施的修建也使得河流的水文环境发生了极大改变，使得大片适宜白鱀豚生存的片区消失。考虑到长江中下游有限的栖息地面积，此类水利设施的修建，实际上是破坏了白鱀豚的栖息条件，对其种群延续起到了十分不利的作用。

图 3-38　1982 年在南京附近捕获的白鱀豚，身上有 103 处鱼钩伤痕和 5 处溃疡（南京师范大学生命科学学院 供图）

长江的使者
永远的淇淇

4

（武汉白暨豚保护基金会 供图）

1980 年，淇淇来到水生所，经过水生所科研工作者的精心呵护，原本身负重伤的淇淇恢复健康（图 4-1）。在此之后，淇淇在武汉的饲养池中，度过了近 23 载春秋，成为存活时间最长的圈养白鱀豚个体。通过对淇淇的研究，科研工作者得以解锁白鱀豚生存密码，窥见长江女神的生活秘史。2002 年，年迈的淇淇安然离世，最后一头能够确认的白鱀豚个体就此消失。

图 4-1　恢复中的白鱀豚淇淇
（武汉白鱀豚保护基金会　供图）

遇见淇淇

1980 年 1 月 11 日，湖北省嘉鱼县簰洲渔业队的胡家法、胡振盛兄弟，与同伴龙得彩、陈大华四人驾着两艘渔船到湖南城陵矶三江口段一带捕鱼时，意外发现两头白鱀豚在江面活动。

渔民很快意识到，这是一种珍贵的动物，于是四人驾驶渔船左右追捕，最终将两头白鱀豚围堵在长江边的一处湾口中，准备下水捕捉。但白鱀豚的皮肤极为光滑，用手根本抓不住，于是他们心一横，用专门捕捉大鱼的鱼钩将其钩住，这才将两头白鱀豚拉上船。

遗憾的是，两头豚中比较年长的雌性身受重伤，上船后不久便死亡。而另一头年幼雄豚侥幸存活，被渔民用绳索套住尾部，养于江边，后拨打电话给城陵矶水产收购站，询问是否需要上交这头活体幼豚。

值得一提的是，关于这两头白鱀豚的关系一直存在诸多说法，有报道称它们是情侣豚，也有人认为是一对母子豚。但据解剖研究发现，这头雌豚虽然体形已经接近成年，体长为 1.92 米，重 63.5 千克，但卵巢并没有成熟，它们可能是姐弟，或者同一个族群的兄弟姐妹，但绝不是母子或者情侣。

当天晚上 8 点，水生所收到城陵矶水产收购站的长途电话，声称渔民活捕到一头白鱀豚。水生所白鱀豚研究小组听闻后大为振奋，组长陈佩薰和副组长刘仁俊立刻着手准备将它带回水生所。

凌晨 5 点，风尘仆仆的水生所一行人抵达城陵矶水产收购站。早上 9 点，在人们焦急的目光下，渔船终于回港，可怜的小白鱀豚虽然背部受了伤，但是非常活泼，测量显示其体长 1.47 米，重 36.5 千克，应该是一头幼年豚。

遇见

面对活泼的小白鳖豚，陈佩薰教授等人在赞叹这鲜活的生命时，也意识到必须在第一时间，将它运回水生所饲养。由刘仁俊主导，大家在小白鳖豚全身盖上浸湿的白布（图 4-2），用来保持湿润，同时以防不测，只保留出呼吸的鼻孔，并在鼻孔、背鳍和眼睛等脆弱部分擦上医用凡士林油膏，用以防止皮肤干裂（图 4-3）。

经过近 6 小时的长途运输，1 月 12 日下午两点半，这头命运多舛的小白鳖豚顺利来到水生所，入住为它提前准备好的小型鱼池中。这头尚且稚嫩的小豚，将在未来的二十多年中声名大噪，它就是鼎鼎大名的淇淇（图 4-4、图 4-5）。

淇淇无疑是非常幸运的，因为渔民当即通知了水产收购站，而不是一直等到回港，这给水生所准备救助带来了宝贵的时机。就在淇淇从湖南被捕获的同一时间，1980 年早春，湖北省洪湖县渔民也用围网捉到了一头白鳖豚，但这头白鳖豚却没有如此幸运，四家渔民先后争吵所属权，最后决定将这头健康活泼的白鳖豚打死，共分得了 180 元赃款。

在从长江中获得活体白鳖豚一个月后，《人民日报》率先向世界宣告了这一消息，并很快引起国内外轰动。时任中国科学院院长的方毅同志专程向党中央汇报，党中央特地批示拨专款，用于解决白鳖豚的饲养研究工作需要。

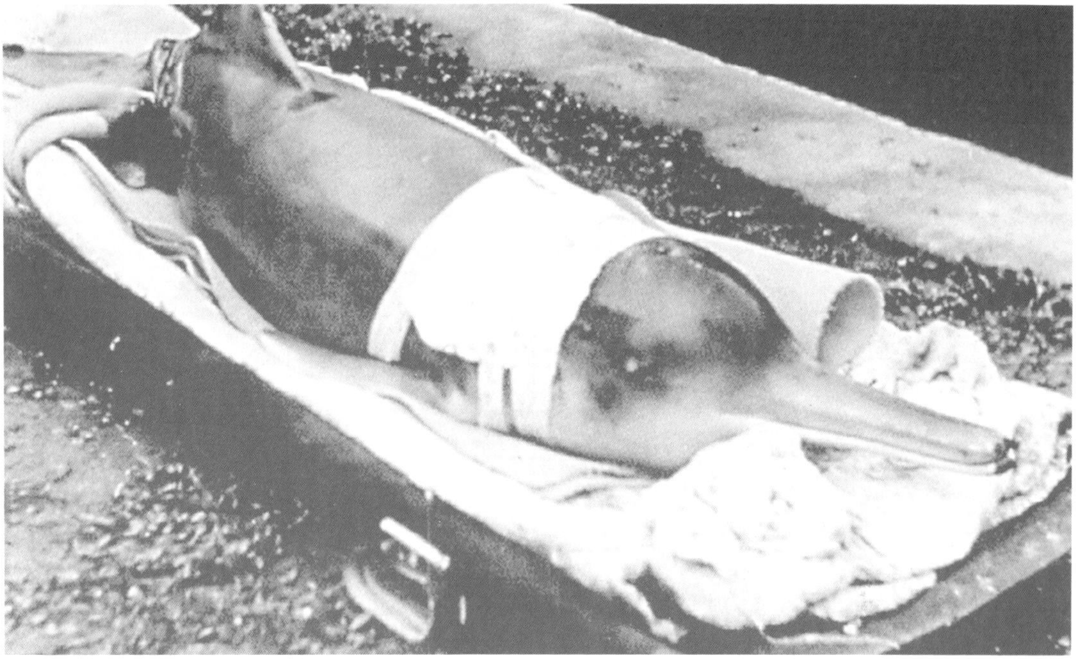

上：图 4-2　被白布包裹的淇淇（武汉白鳘豚保护基金会　供图）

下：图 4-3　工作人员将淇淇从水中捞出，进行医治（武汉白鳘豚保护基金会　供图）

图 4-4　青年时期稚嫩的淇淇（武汉白鱀豚保护基金会 供图）

为了给这头来之不易的白鱀豚起名字，水生所工作人员可谓是绞尽脑汁，陈佩薰特地请时任水生所所长伍献文教授和副所长胡鸿钧教授决定。两位德高望重的老教授几乎翻遍了字典，经过共同商议，决定给这头白鱀豚起名为“淇淇”。一方面，当时中国国内仍然多以“白鳍豚”作为白鱀豚的呼名，而“淇”与“鳍”字谐音；另一方面，“淇”代表着宝贵的意思，象征人们对它的珍爱。为了纪念这一重大事件，当年 12 月 5 日，国家邮政特地发行了两张白鱀豚特种邮票（图 4-6）。

一开始，淇淇的饲养条件并不算好，工作人员在水生所附属的官桥饲养场内给它修建了两个饲养池轮流使用，但这组豚池不仅缺乏必要的过滤条件，且直接暴露在室外，既不能遮风，也不能挡雨（图 4-7）。后在国内外有识之士的帮助下，淇淇终于住进了拥有干净大水池的新家。1992 年 11 月 12 日，拥有室内养护条件的白鱀豚新馆正式投入使用，淇淇在这里安然度过了生命中的最后十年（图 4-8）。

图 4-5　离开同伴的淇淇（武汉白鱀豚保护基金会　供图）

图 4-6　1980 年发行的两张白鱀豚邮票

图 4-7　淇淇初来武汉时居住的饲养池（武汉白鱀豚保护基金会　供图）

图 4-8　水生所武汉白鱀豚馆

与死神赛跑，抢救淇淇

当淇淇刚刚抵达水生所时，受伤十分严重，由于缺乏相关养护经验，饲养员并没有及时观察到这一现象（图 4-9）。直到 1 月 22 日下午，淇淇的体色由灰白色变成灰黑色时，工作人员才恍然失色。经过检查，工作人员发现淇淇的背部有两处直径 4 厘米的伤口，最深处达 8 厘米，这是被渔民用鱼钩钩住的痕迹，背鳍和尾柄附近也有不同程度的伤口。

此时，无力的淇淇已经漂浮在水面上，呼吸短促，异常衰弱，看起来即将命不久矣。其他科研机构的人员赶来，建议在淇淇死前进行活体解剖，充分利用它的最大价值。但面对这宝贵的生命，陈佩薰教授坚决不轻易言弃，她拨打长途电话，向动物救治经验丰富的北京动物园求救。北京动物园闻讯后立刻派遣了两位兽医赶到武汉进行现场治疗。

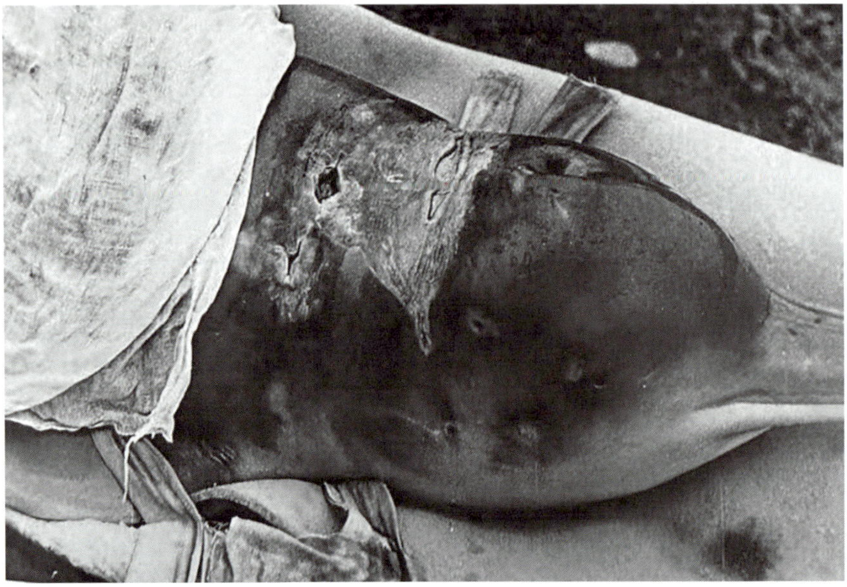

图 4-9　刚刚被运抵武汉的淇淇（武汉白鱀豚保护基金会 供图）

抢救

经过近三天日夜不息的救护（图 4-10），淇淇总算脱离危险，炎症消退，开始下水活动。但好景不长，淇淇被捕获时是在冬末，随着天气回暖，它的饲养池内出现了严重的水霉现象，导致其伤口迟迟没有愈合，甚至还有扩大的趋势。

由于白鱀豚是一种水生动物，没有办法像陆生动物一样用药用纱布包扎。涂抹的药剂一旦回到水中很快就被溶解，科学家们对此束手无策。

直到有一天，心急焦虑的刘仁俊教授想出了一个办法：给淇淇涂抹上治疗用的云南白药、庆大霉素等药物，再覆盖上一种特制的背心绷带，使得药物能够在水中长时间地维持功效，同时能防止被水中的细菌感染。

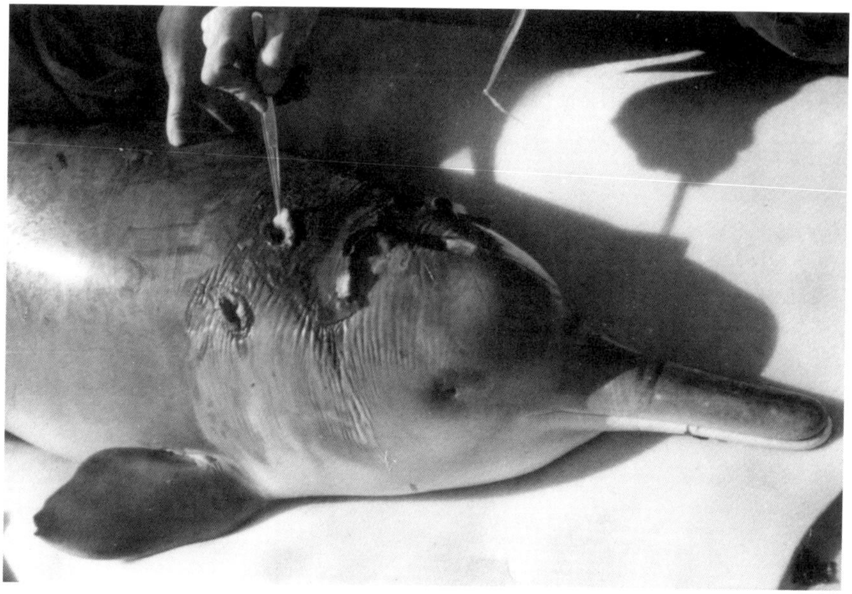

图 4-10　接受救护的淇淇（武汉白鱀豚保护基金会供图）

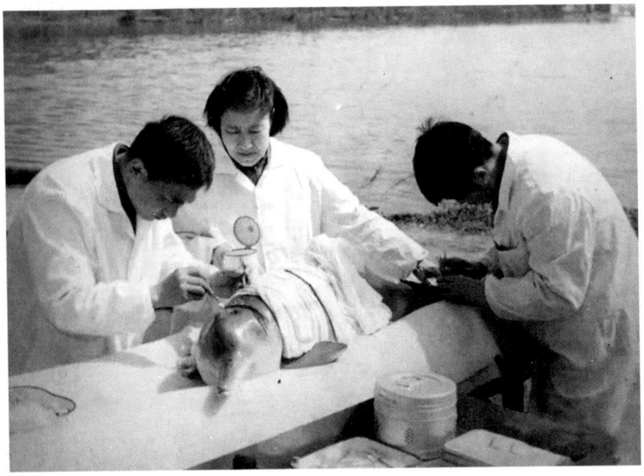

图 4-11　水生所研究团队为淇淇疗伤（武汉白鱀豚保护基金会 供图）

经过讨论以后，水生所党组织最终批准了这一计划。刘仁俊的方案非常有效，从 4 月 10 日开始使用新方法治疗，4 月 16 日就发现淇淇的外伤组织全面脱落，陆续长出新生组织（图 4-11）。等到 7 月 10 日，淇淇的创伤已经彻底治愈。所有人都松了一口气，淇淇总算逃过一劫。

等到淇淇逐渐适应新环境之后，如何正确地饲养成为当务之急。当时人们对野外白鱀豚的生态还不了解，甚至尝试投喂了包括馒头在内的多种食物，最终发现淇淇最喜欢吃各种新鲜的鱼。

考虑到淇淇对鲜鱼的偏爱，科学家们为它准备了一份特殊的菜单，包括 9 种不同的淡水鱼。淇淇每天要进食 8~10 千克的新鲜鱼类，相当于其体重的十分之一。每次喂食之前，饲养员都会给饲料消毒处理，有时候还会增加维生素 C 等各种营养物质，保证淇淇的身体健康（图 4-12、图 4-13）。

由于白鱀豚食量巨大，常年累月保证淇淇的食品供应绝非易事。好在水生所不仅拥有一流的研究团队，其附属的官桥饲养场还配套有完善的饲养池，同时水生所在长江鱼类研究上有着非常重要的建树，这些都保证了淇淇一年四季能享用到安全而充足的食物。

上：图 4-12　饲养员将药片塞入鱼身，为淇淇准备“营养餐”（武汉白鱀豚保护基金会供图）

下：图 4-13　水生所工作人员给淇淇喂食（武汉白鱀豚保护基金会供图）

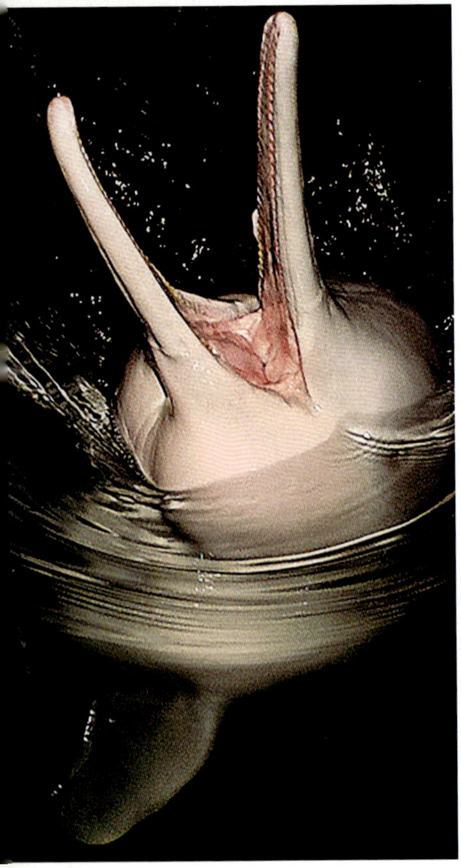

图 4-14　进入壮年时期的淇淇（武汉白鱀豚保护基金会 供图）

有了充足的食物供应，淇淇在到达水生所的前 5 年时间里，每年都以极快的速度生长，大家见证着它由一头稚嫩的幼豚，成长为成年雄性的模样。到 1986 年以后，淇淇的生长速度明显放缓，说明它已经进入壮年时期（图 4-14）。

在淇淇漫长的生活中，科研人员会对它进行持续的监控。淇淇的日常体检中一个很重要的部分是检查它的皮肤状况（图 4-15），因为白鱀豚长期生活在淡水环境，一旦出现伤口，极易被无处不在的各种细菌感染。这样的危机曾经发生过许多次，就在到达水生所的第二年春天，淇淇突然暴发眼病，左眼出现了一层白色薄膜，最终诊断是因池水中含氯量过高而引起的角膜炎，经过一段时间的治疗，淇淇的眼病才慢慢恢复。

1992 年以前，淇淇长期生活在水生所的室外池内，与壮阔的长江相比，狭小的水池环境更容易暴发各种疾病。特别是每年夏季，池内水温受外界温度的影响极易升高，给淇淇生活带来了诸多不便。

就在进入水生所的次年盛夏，淇淇身上便出现了许多小红点，专家会诊后发现是病毒感染。水生所相关科研人员经过讨论后，认为既然是病毒感染，那么中医的预防会更加有效。于是水生所决定给淇淇服用麝香正气丸，用于消暑排毒，结果真的起到了效果。

图 4-15　为淇淇检查身体（武汉白鱀豚保护基金会 供图）

不过淇淇最危险的一次患病还是发生在 1996 年 4 月，当时它已经逐渐步入老年，身体大不如前，又因冬季脂肪代谢而患上了严重的肝损伤，几乎到了性命垂危的地步。水生所紧急动员，除了展开国内专家会诊，还邀请了美国、日本、中国香港、中国台湾等地的著名兽医参加讨论，历时 3 个月的持续救助之后，才成功地将它从死亡线上拉回（图 4-16）。

经过研究人员的不懈努力，淇淇才最终平安地在人工圈养环境下生活了近 23 年，这也是世界淡水豚饲养史上的一个奇迹。

抢救

图 4-16　淇淇与武汉白鱀豚研究团队（左起：陈佩薰、刘仁俊、王丁、张先锋）（武汉白鱀豚保护基金会 供图）

淇淇的婚姻

从1983年开始，淇淇便出现了发情的症状，每年4—6月，它总会变得特别烦躁，时不时地发出一种尖锐的声音，似乎在寻找伴侣，严重时甚至不吃不喝。

为了给淇淇寻找伴侣，陈佩薰教授特别提出，要为它从野外捕获一头雌性白鱀豚作伴。但当时白鱀豚早已经被列为国家保护动物，水生所不能贸然组织船只捕捞，必须先设计好一系列方案，在确保万无一失的情况下，再向有关部门提出申请。

为此，水生所的华元渝带领另外两位专家，开始寻访长江沿岸的渔民，他们一边摸索白鱀豚习性，一边设计方案，最终想出一套独特的声驱网捕法，利用淡水豚类声呐发达的特点，驱使白鱀豚进入事先准备好的区域，接着下网捕捉。

1984年11月17日，捕豚组首次采用这种新式方法，便在洞庭湖一次性捕捞到25头江豚，次年1月又在长江新滩口一带多次下网实验，每次都能够有所收获。

1986年3月16日，终于到了验收的时刻，经过有关部门批准，水生所组织了16条机动渔船，在事先准备好的湖北监利观音洲江段开始了我国首次大规模捕捞白鱀豚的行动。这一次，渔民们一网便捕到了9头白鱀豚，然而由于当天气候不利，水流过快，只好把所有白鱀豚又放回江中。

3月31日，不甘失败的水生所再一次拉起队伍，由湖北省环保局和水产局等组织领导小组，共组织了60多名受过训练的渔民，驾驶着20多条机动渔船参加围捕。

图 4-17　捕豚团队将白鳘豚运上直升机（武汉白鳘豚保护基金会 供图）

这一次的捕捞地点依然选择了观音州江段，渔民们一下就捉到了三头白鳘豚，但是此前国家农业部最多只允许捕捉两头，所以其中最大的一头被放归长江，剩下的两头则被渔民捕获上船。捕豚指挥部立刻将这一消息通知武汉军区空军司令部，空军司令部则派遣一架直升飞机赶去接应，将两头白鳘豚顺利抬进机舱，以最快的速度送往武汉（图 4-17）。

这次捕捉的两头白鱀豚，大的是雄性，体长 2.03 米，重 100 千克，起名为联联，起水时发现其身体已较为虚弱。小的为雌性，体长 1.5 米，重 57.5 千克，起名为珍珍（图 4-18）。两头白鱀豚在饲养池中显得十分惊恐，形影不离地靠在一起。工作人员想尽各种办法，引导它们尽快适应这里的新环境，大约一个星期后，两头白鱀豚先后开始进食，并在水池中共游（图 4-19）。但不幸的是，由于联联年龄较大，身体一直未能恢复，再加上肝功能出现问题，以及肝炎和肺炎等综合疾病，最终在捕获 76 天以后不幸去世。

图 4-18　联联和珍珍（武汉白鱀豚保护基金会 供图）

图 4-19　联联与珍珍在水池中共游（武汉白鱀豚保护基金会 供图）

图 4-20　陈佩薰教授看望珍珍标本（武汉白鱀豚保护基金会 供图）

联联

雄性

体长
2.03
米

体重
100
千克

珍珍

雌性

体长
1.5
米

体重
57.5
千克

值得庆幸的是，较小的珍珍最终适应环境，工作人员将它安置在与淇淇比邻的水池中。两个月后，两头白鳖豚已经逐渐适应彼此，最终同进同出。

尽管科学家们希望它俩尽快交配，将这一珍贵物种的血脉传承，但珍珍的年龄是主要问题——根据野外调查和解剖数据，雌性白鳖豚要到五六岁才能够性成熟，所以水生所要耐心等待几年，才能知道珍珍是否可以同淇淇交配。

但就在等待的几年中，悲剧却悄然而至。1988 年的夏天，酷暑非同寻常，9 月 18 日以后，珍珍突然开始食欲大减，且病情恶化极快，尽管工作人员十分努力地抢救，但还是没能挽回它的生命，珍珍最终在 9 月 27 日上午 8 点病逝。

尸检结果显示，珍珍染上了间质性肺炎，同时误食了一些坠落池中的铁锈块及碎屑。多达 0.7 千克的异物充塞其胃中无法消化，影响食欲和机体对疾病的抵抗能力，造成珍珍不幸死亡。图 4-20 展示的是陈佩薰教授看望珍珍标本。就这样，淇淇的亲事无果而终。此后，淇淇的余生都在孤独中度过。

再见了，淇淇

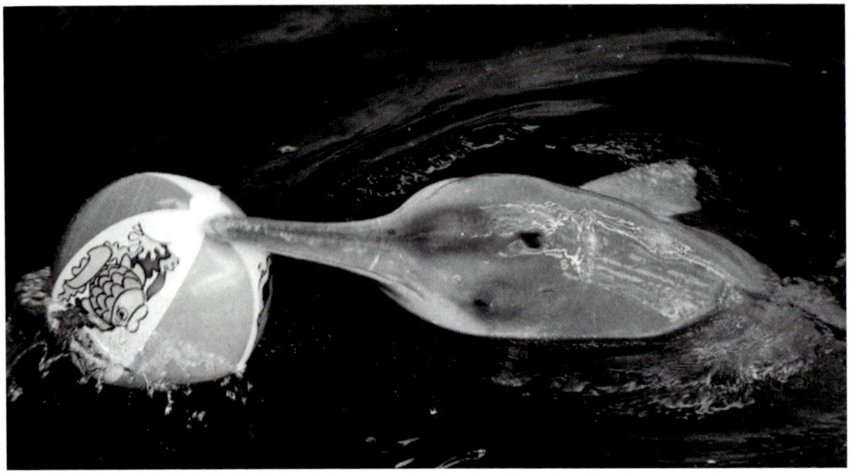

图 4-21　孤独的淇淇与玩具嬉戏（武汉白鱀豚保护基金会 供图）

进入 21 世纪以后，长江里的白鱀豚已经十分罕见，似乎只剩下武汉东湖之畔孤单游弋的淇淇，还在顽强延续着物种的命脉（图 4-21）。

但淇淇已经肉眼可见地变老了，随着年龄的增长，它的游速变得缓慢，反应越来越迟钝，日常食量几乎减少了一半。曾经尖锐的牙齿逐渐磨平，它已经走进垂暮之年。也许，淇淇会抬起头，睁开小眼睛，朝着天空眺望思考，它会怀念什么呢？是肥美的鲜鱼、白沫的江浪，抑或是回不去的城陵矶。

淇淇不知道，沉默的岁月里，它的同族早已所剩无几。

2002 年 7 月 11 日，如往常一样，饲养员提着一桶鲜鱼准备给它喂食，但出乎意料的情况发生了，淇淇不仅对食物熟视无睹，甚至连饲养员也分辨不清。工作人员意识到淇淇可能出了大问题，于是赶忙进行全面体检（图 4-22），但一切显示正常，说明淇淇状态的异常并非疾病所致。

图 4-22 白鳖豚馆工作人员为暮年的淇淇检查身体（武汉白鱀豚保护基金会 供图）

7 月 13 日，淇淇一次性吃完 5 条鲢鱼，像往常一样在饲养池里转圈游动。第二天早上 6 点，饲养员最后一次见到淇淇正常游动。

等到 8 点半，接班饲养员准备给它喂食时，却发现淇淇已经静静地躺在饲养池底，一动不动，像是进入了梦乡。承载了无数人关爱的淇淇，永远地离开了这个世界（图 4-23）。随后的尸检显示，淇淇因高龄衰老，自然死亡。科学家们将淇淇的内脏取出，以超低温形式保存，而皮肤和骨骼则制成标本（图 4-24、图 4-25），继续为白鱀豚研究发挥力量。

图 4-23　陈佩薰与老朋友淇淇告别（武汉白鱀豚保护基金会　供图）

图 4-24　白鱀豚淇淇标本（武汉白鱀豚保护基金会 供图）

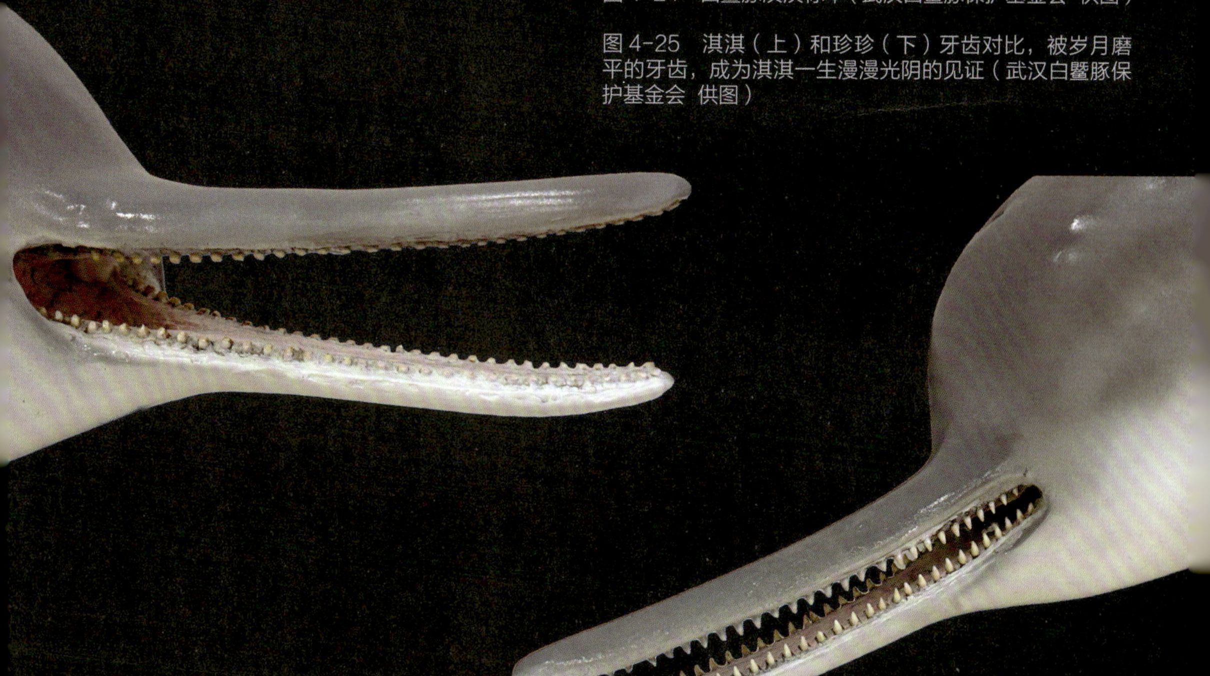

图 4-25　淇淇（上）和珍珍（下）牙齿对比，被岁月磨平的牙齿，成为淇淇一生漫漫光阴的见证（武汉白鱀豚保护基金会 供图）

10
Owen

送别

在淇淇去世的第二天，《人民日报》、新华社以头条形式向世界宣告了这一消息，震惊了海内外学界，世界多国科学家和各界人士纷纷发来邮件，对淇淇之死表示遗憾和悲痛。小朋友们自发地前来送别淇淇（图 4-26）。

令人痛惜的是，自从淇淇去世之后，人们再也没能在长江中发现任何一头能够依据标本确认的白鱀豚。（图 4-27 展示的是目前中国科学院水生所水生生物博物馆展出的淇淇 3D 打印模型。）部分被指认为白鱀豚的搁浅或尸体记录，其后也均被确认是长江江豚的误判，并非白鱀豚。部分西方学者则将淇淇的死亡视为白鱀豚灭绝的标志。淇淇带走了无数科研人员和保护工作者的情感和关爱，也带走了白鱀豚这一古老物种最后的生命光辉，这不由得令人扼腕。

淡水豚类在圈养环境下的饲养始终是一大难题。1986 年的统计显示，即使以当年欧美较先进的饲养水平，在美国动物园、水族馆中被饲养的亚河豚的平均寿命也仅为 33 个月。就在淇淇去世的同一年，美国最后一头圈养亚河豚在匹兹堡动物园去世。欧洲的濒危豚类动物保护状况相对较好，但随着著名的长寿亚河豚“Orinoko”于 2020 年末在德国杜伊斯堡动物园去世，欧洲对淡水豚的圈养尝试也以失败告终。至于南亚的淡水豚类，最长饲养时间为瑞士伯尔尼大学的印河豚，成活 7 年零 3 个月（图 4-28）。

结合国际淡水豚类的饲养历史，可以发现淇淇能够在圈养状态下生存近 23 年，殊为不易。

图 4-26　小朋友们送别老朋友淇淇（武汉白鱀豚保护基金会 供图）

图 4-27　博物馆中展出的淇淇 3D 打印模型
（摄于中国科学院水生所水生生物博物馆）

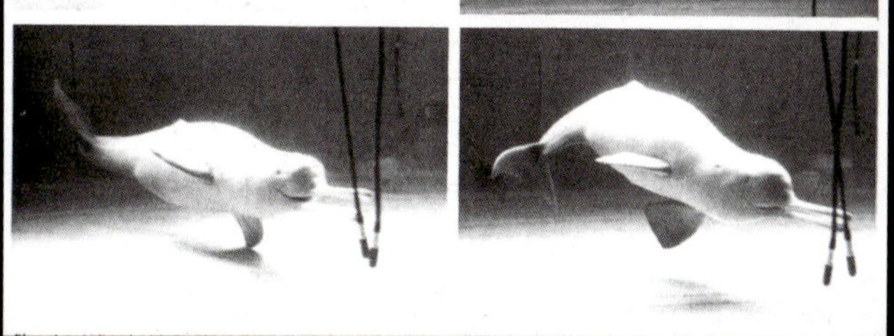

图 4-28 20 世纪 70 年代，瑞士伯尔尼大学饲养的印河豚

南京记忆——苏苏和江江

除了湖北，作为白鱀豚昔日的主要分布区域，江苏也曾进行过圈养白鱀豚的尝试。1981 年 3 月 3 日，江苏省太仓县渔民发现一头体长 1.82 米、体重 55 千克的搁浅雌性白鱀豚。以周开亚为代表的南京师范学院专家小组经过长途运输，将这头白鱀豚运回南京师范学院，放入饲养池饲养，并将其起名为苏苏，除了纪念其发现于江苏，更赋予其“起死回生”“欣欣向荣”的含义（图 4-29）。

不幸的是，搁浅的白鱀豚通常是患病个体，自从进入饲养池饲养以来，苏苏的身体状况每况愈下。1981 年 3 月 20 日，在南京师范学院饲养了 17 天的白鱀豚苏苏不幸死亡，经解剖发现其胃底严重溃疡，胃黏膜下存在囊肿，囊肿内还有沙粒状的钙化灶，其肺部亦存在大量病灶，而且已经淤血水肿。据分析，苏苏在被发现时身体状况就已极差，最终猝然而逝。

苏苏死后，同年 12 月 7 日上午 7 时，江苏省镇江市谏壁渔业大队的社员又通过江面设置的滚钩，捕获一头雄性白鱀豚。江苏省淡水水产研究所闻讯后，立即派出科研人员乘专车赶赴现场，采取了紧急救护措施，并迅即运抵南京。当天下午 6 时 55 分，这头白鱀豚就安全进入淡水水产研究所养殖实验场水池饲养。

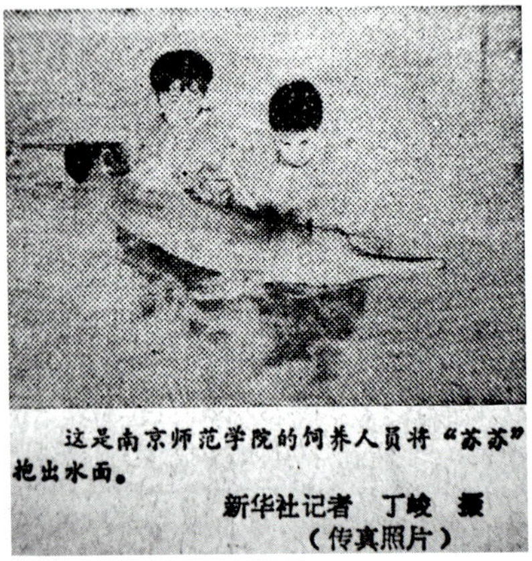

图 4-29　1981 年捕获自太仓的白鱀豚苏苏

经测量，镇江捕获的这头白鳘豚体长 1.74 米，体重 66.5 千克，淡水水产研究所工作人员将其称为江江，以纪念这头白鳘豚发现于镇江（图 4-30）。由于江江是被滚钩捕获的，在被捕时其吻部、尾部严重受伤。运回当天，淡水水产研究所邀请江苏农学院畜牧兽医系的医师，共同为江江进行全身外伤检查，并根据伤情用云南白药外敷治疗。10 天之后，又对江江进行第二次会诊，发现其背部已患有脓疮，嘴和尾部大面积溃烂并患有水霉病。

专家们为它切开脓疮，进行手术治疗，江江的病情逐渐好转，它也日渐活跃起来。呼吸时甚至可以见到胸鳍跃出水面，并展现出侧泳、仰泳、翻滚等多种泳姿。

随着日常活动逐渐恢复正常，江江的食欲也逐渐大增起来，刚移入池塘人工饲养时，江江显得惊恐不安，从不摄食，一星期后渐渐习惯池塘环境，开始追逐鱼群；进入饲养池一个月后，江江已能在池塘固定投饵点追捕鱼群、自由摄食。

图 4-30　江苏省淡水水产研究所贾长春师傅在给白鳘豚江江做生物学测量（江苏省淡水水产研究所 供图）

饲养

1982 年 2 月 10 日，淡水水产研究所开始训练江江接受投喂，经过三四天训练，江江就习惯了人工投食，不论在白天或黑夜，只要工作人员击打装鱼的桶，江江就能够反应过来，乖巧地来到池畔接受投食。鲢鱼和鳙鱼是它最喜爱的食物。

眼看江江状态越来越活跃，有望像淇淇一般在人工环境长期饲养时，悲剧却再次发生了。

在刚来到淡水水产研究所时，江江被饲养在一个面积 1700 平方米、水深 2 米的大鱼池里，水池底部为泥底，没有水处理设备，科研人员通过注入自来水的办法保证水质纯净。但到了 1982 年春季，鱼池中水草生长旺盛，水质逐渐无法达到饲养白鳘豚的要求。为了保证水质，在大鱼池里生活了 107 天之后，1982 年 3 月 29 日，江江被移入一个面积 600 平方米、水深 1~1.5 米的小鱼池，科研人员用漂白粉对鱼池消毒，然后注入自来水，再经过暴晒，以保证水位和水质。

受当时客观条件所限，淡水水产研究所也无力为江江提供更好的生存环境。然而被转入小鱼池之后，本来身体情况逐渐好转的江江，状态却又日复一日地变差，最终造成不可挽回的结果。由于鱼池面积小，水浅并有斜坡，江江沿池边游动时翻起池泥，造成池水浑浊，其排泄物也导致水质污染。另外江江的嘴、尾经常擦碰池底，致使原来已经基本恢复的外伤又开始加重。

4 月 12 日，江江的食量显著降低，游泳无力，身体溃烂处炎症加重。4 月 15 日，淡水水产研究所科研人员不得不将江江吊出水池，用酒精棉花擦去其溃烂的表皮，涂抹珍珠粉、卡那霉素粉和霉菌素药膏。可这些努力终究无法挽回江江的生命。4 月 16 日，来到小鱼池的 18 天后，江江在下午 1 点左右救治无效死亡。淡水水产研究所科研专家王谋齐等人认为，池塘空间过小加上不良的水质环境，是导致江江病情恶化以及最终死亡的主要原因。

在淡水水产研究所，江江度过了 129 个日夜，它的离世是当时物质条件有限、饲养经验不足的结果。更加遗憾的是，在江江离世之后，江苏省再也没有获取过可供人工饲养的活体白鱀豚。如今，江江的浸制标本保存在江苏省淡水水产研究所标本室，是世界上仅存的三件浸制成体白鱀豚标本之一。其伤痕累累的外观，诉说着那段令人扼腕的往事，引发参观者对白鱀豚及水生生物保护的无尽思考（图 4-31）。

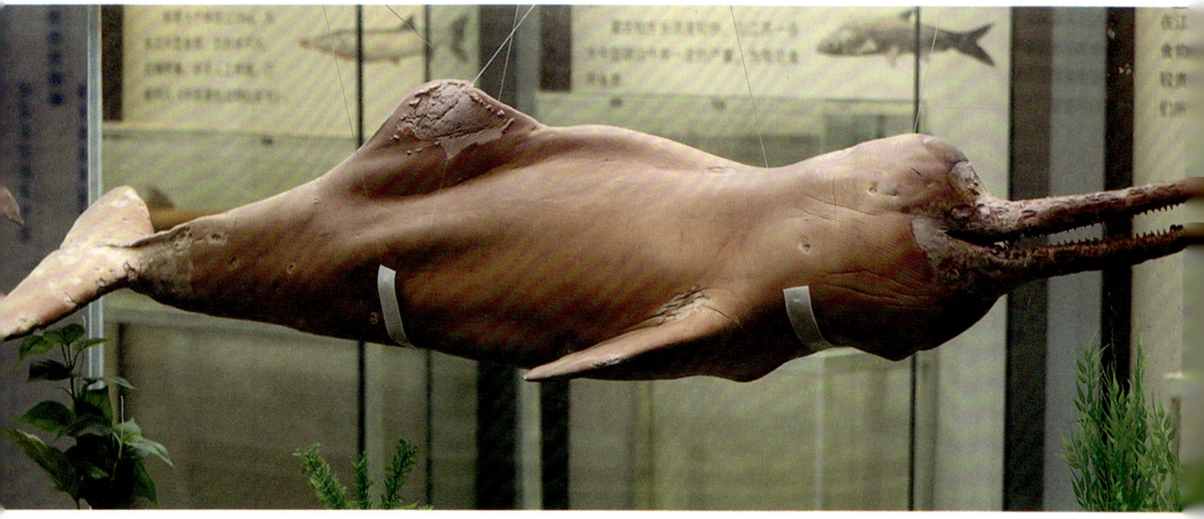

图 4-31　白鱀豚江江的标本（摄于江苏省淡水水产研究所标本室）

保护拯救
刻不容缓

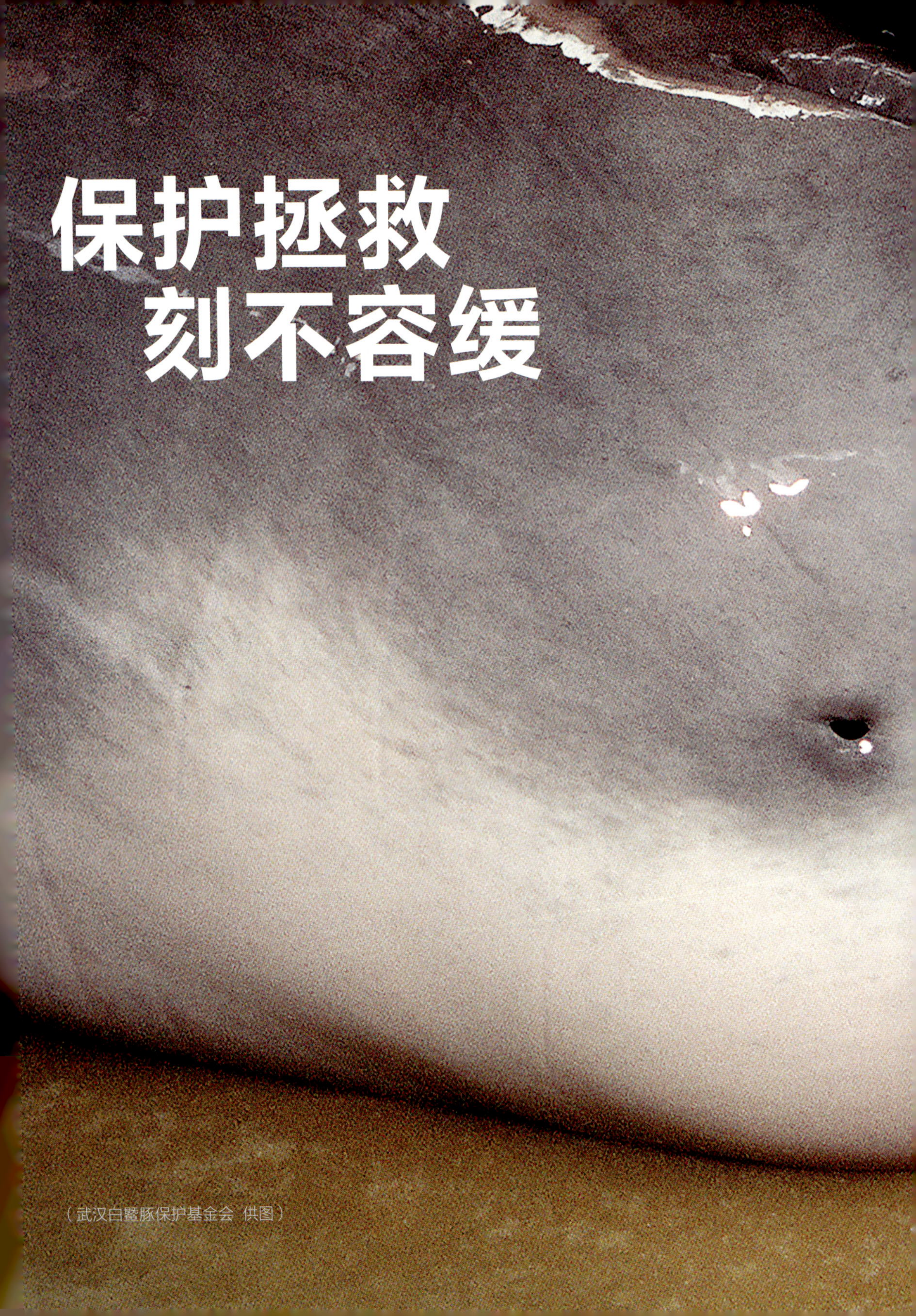

（武汉白鱀豚保护基金会 供图）

5

保护行动事不宜迟

早在20世纪70年代，就有有识之士意识到长江中白鳖豚数量快速减少，甚至面临灭绝的危机。1978年10月，中国科学院为掌握白鳖豚种群现状、提出保护措施，在北京召开“白鳖豚研究协作会议”，成立全国白鳖豚生物学研究协作组，为保护白鳖豚提供科学资料与政策依据。

经过20世纪70年代末80年代初大规模的生态考察，科研工作者们意识到白鳖豚正处于生死存亡的危难关头。据水生所淡水豚类学者刘仁俊在1978年不完全统计，20世纪五六十年代，仅长江中游就约有100头白鳖豚意外死亡，其中多数死于渔民的捕杀。自20世纪50年代之后，白鳖豚便在钱塘江绝迹（图5-1），在中国科学院组织开展研究的20世纪70年代末，白鳖豚在其昔日最重要的分布区域洞庭湖，也已经十分稀少，难得一见（图5-2）。到1986年，长江中的白鳖豚数量可能仅存300头左右。

图 5-1　1955 年杭州渔民在钱塘江捕获的白鳘豚标本，陈列于浙江自然博物馆。浙江的白鳘豚在 20 世纪 50 年代便已消失（摄于浙江自然博物馆杭州馆）

面对如此严峻的形势，保护白鳖豚刻不容缓。在科研和调查过程中，科研工作者们与长江渔民、船员和两岸居民保持密切联系，开展大量宣传，普及白鳖豚救护知识，尽可能使长江两岸居民认识到白鳖豚的稀有，以及保护白鳖豚的重要性，培养居民自主保护白鳖豚的意识。经过科研工作者的奔走宣传，各级领导也开始关注白鳖豚保护工作，国家和白鳖豚分布区域隶属省市，开始制定一系列旨在保护白鳖豚的法律法规，以期避免白鳖豚走向灭绝。20世纪八九十年代，南京师范大学生物系承担世界自然基金会的保护项目，编印了保护白鳖豚的宣传册和宣传画，在长江中下游散发（图 5-3）。虽然最终未能挽救长江女神，但一系列努力唤起了公众的关注，初步改善了长江中水生生物栖息地的质量，为长江水生生物保护打下了重要基础。

图 5-2　长江中依稀可见的白鱀豚
（武汉白鱀豚保护基金会 供图）

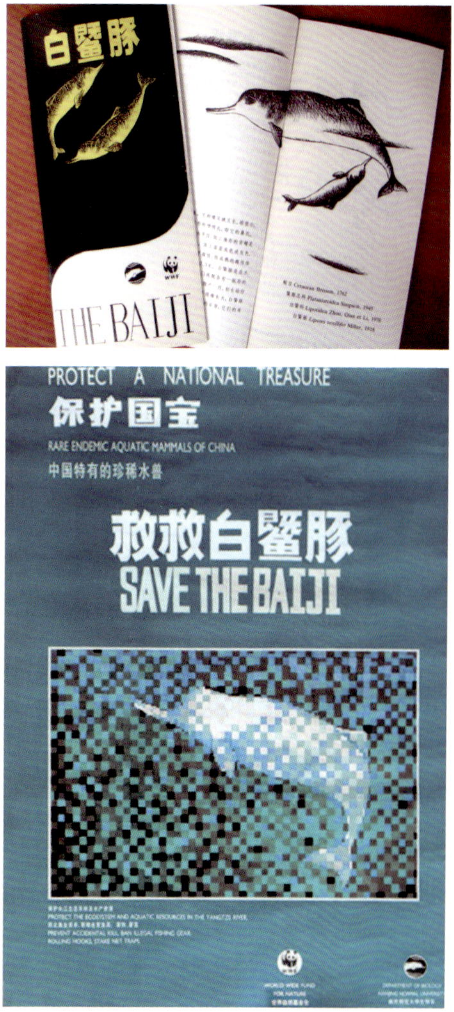

图 5-3　20 世纪八九十年代，南京师范大学生物系印发的保护白鱀豚的宣传册和宣传画

立法守护长江女神

图 5-4　国家一级保护动物白鳖豚
（南京师范大学生命科学学院　供图）

20 世纪八九十年代，我国制定了一系列法律法规，致力于让白鱀豚在航运不息的长江中生存下去。

1979 年，国务院发布《水产资源繁殖保护条例》，第一次在国家行政法规中将白鱀豚列入应当重点加以保护的“重要或名贵的水生动物”。

1983 年，国务院发布《关于严格保护珍贵稀有野生动物的通令》，第一次在国家行政法规中明确将白鱀豚列为“闻名世界的我国特产珍贵稀有野生动物”。

1987 年，国务院再次下发《关于坚决制止乱捕滥猎和倒卖、走私珍稀野生动物的紧急通知》，严禁猎捕包括白鱀豚在内的珍稀野生动物。

1988 年，第七届全国人民代表大会常务委员会第四次会议通过了《野生动物保护法》，并于次年正式颁布实施，标志着中国动物保护法律体系逐渐完善和成熟。也是在这一年，国务院正式批准公布了《国家重点保护动物名录》，白鱀豚被正式列为国家一级重点保护动物。图 5-4 展示的是周开亚团队于 1989 年在长江铜陵段拍摄到的白鱀豚个体。

1993 年，国务院批准发布包括保护白鱀豚在内的水生野生动物的行政法规——《水生野生动物保护实施条例》。1990 年，农业部发布《长江中下游渔业资源管理暂行规定》，1995 年 9 月又发布《长江渔业资源管理规定》，将白鱀豚列为长江渔业资源保护对象。

立法

2000年，全国人大通过关于修改《渔业法》的决定，首次将保护白鳖豚写进条款，明确规定“国家对白鳖豚等珍贵、濒危水生野生动物实行重点保护，防止其灭绝”，显示出我国对白鳖豚和其他珍稀水生动物保护关注力度的进一步加强。

根据国家制定的政策法规，白鳖豚分布区域所隶属的各省市也制定了相应的保护政策。江苏省早在20世纪70年代末开始，就注意到白鳖豚和其他稀有动物亟需保护，野生动物制品利用亟待规范，并发布《关于保护和合理利用野生动物资源的通知》；湖北省紧随其后，于1980年专门发布《关于保护珍贵动物白鳖豚的布告》；1984年安徽省发布《关于严格保护白鳖豚的紧急通知》。三省发布的文件都明确指出捕杀白鳖豚是严重的犯罪行为，严禁任何单位或个人随意捕杀、收购、加工、销售白鳖豚。

白鳖豚走向灭绝的困境，也获得了来自世界其他国家的关注。对此中国也积极寻求国际合作，先后加入一些重要的动物保护条约和公约。

1980年，中国正式加入《国际捕鲸规则公约》，并依据公约要求，对我国包括白鳖豚在内的所有鲸豚类动物采取保护措施。

1981年，中国正式加入《濒危野生动植物种国际贸易公约》。该公约是世界上最具影响力、最有成效的环境保护公约之一。白鳖豚被列入《濒危野生动植物种国际贸易公约》（见附录I），得到国际法的保护，并被严格禁止国际贸易。

白鱀豚保护区的建立

早在 1982 年，白鱀豚分布的湖南洞庭湖区域就建立了省级自然保护区——岳阳君山自然保护区，这是围绕白鱀豚分布流域最早建立的保护区。1987 年该保护区更名为湖南省岳阳东洞庭湖自然保护区。1994 年 4 月，经国务院批准，东洞庭湖自然保护区正式升级为国家级自然保护区，更名为湖南东洞庭湖国家级自然保护区，成为保护长江豚类的重要基地。

不过，国家真正制定以白鱀豚为保护中心设立保护区的方针，则要等到 1985 年。当年 4 月，国家环保局在武汉主持召开第一次白鱀豚保护工作座谈会，与会的科研专家、国家和沿江各省有关部门代表一致认为，随着长江的开发利用，白鱀豚赖以生存的环境遭到破坏，抢救白鱀豚迫在眉睫。会议提出包括在白鱀豚分布密集江段建立保护区、设立保护站在内的 6 条对策，标志着白鱀豚自然保护区建立的起点。

同年 11 月，在湖北省农业局召开的白鱀豚保护工作会议上，水生所首次系统提出拯救白鱀豚的三大措施：在长江白鱀豚栖息地建立自然保护区，实施就地保护；建立白鱀豚半自然保护区，实施迁地保护；在人工环境中开展白鱀豚人工饲养与繁殖。

1992 年 10 月，湖北长江新螺段白鱀豚国家级自然保护区（图 5-5）、湖北长江天鹅洲白鱀豚国家级自然保护区经国务院批准同时正式成立，并批准建立湖北监利、湖南城陵矶、江西湖口、安徽安庆、江苏镇江五个白鱀豚保护站，主要承担额外的白鱀豚观测项目。

图 5-5　湖北长江新螺段白鱀豚国家级自然保护区（武汉白鱀豚保护基金会 供图）

湖北长江新螺段白鳖豚国家级自然保护区是当时全国最重要的白鳖豚典型栖息地，其地处长江中游新滩口至螺山江段，全长 136 千米，具有较多发育良好的沙洲，自然环境优越。根据 1986—1993 年考察结果，该江段内白鳖豚种群数量超过当时种群总数的 1/5。直到 1991 年，保护区内仍能记录到白鳖豚成群活动的景象，当年 5 月，中央电视台国际部曾赴保护区江段拍摄，在半天时间内就记录到 2 个群体 11 头白鳖豚。

湖北石首的长江天鹅洲白鳖豚国家级自然保护区，是实施白鳖豚迁地保护项目的中心，这里鱼类资源丰富，人口稀疏，没有工矿企业，污染源少，被认为是最合适的白鳖豚迁地保护区（图 5-6）。自 1990 年开始，水生所在保护区引入长江江豚进行放养实验，并很快繁殖成功，这在当时大大激励了保护工作者对白鳖豚迁地保护的信心。

图 5-7　初建成的铜陵白鱀豚养护场人工养护池（章贤　供图）

图 5-8 铜陵淡水豚国家级自然保护区（章贤　供图）

除了湖北，安徽省也很快建立起白鱀豚保护区。1985 年国家环保局决定在铜陵建立白鱀豚养护场，2000 年该地升格为省级自然保护区（图 5-7）。2006 年 2 月，国务院正式批准铜陵成立国家级自然保护区，即铜陵淡水豚国家级自然保护区（图 5-8）。

图 5-6　湖北长江天鹅洲白鱀豚国家级自然保护区（武汉白鱀豚保护基金会　供图）

在江苏，对白鳖豚的保护尝试则以江江的故乡——镇江为中心。自1992年国务院批准在镇江建立白鱀豚保护站后，1996年保护站正式建立。2002年，镇江市成立镇江长江豚类自然保护区。2003年，经江苏省政府批复同意，“江苏镇江长江豚类省级自然保护区”挂牌成立。保护区总面积57.3平方千米，涉及镇江市丹徒区、京口区、润州区和扬州市广陵区，是江苏省最早建立的水生生物自然保护区。

20世纪80年代中期以来，虽然国家和各省市建立了一系列以保护白鱀豚为目标的保护区、保护站和养护基地，并取得一定成绩，然而囿于保护区自身的局限性，它们难以有效发挥保护职能。由于保护区是开放水域，完全暴露在人类活动之下，工作人员无法禁止保护区内围湖造田、航运和水利工程建设，渔业活动仍然存在，长江鱼类资源减少的趋势在当时依旧十分严重。尽管保护区的工作人员竭尽全力守护长江豚类，却也无法挽救白鱀豚走向灭亡。事实上，湖北长江新螺段白鱀豚国家级自然保护区建立后，虽然配置了完备的豚类救护设施，却因白鱀豚迅速消亡，始终未能救护一头白鱀豚。

白鱀豚的迁地保护项目同样因野生白鱀豚数量锐减而未能成功，湖北石首、安徽铜陵多次围捕野生白鱀豚，但基本无果而终。仅在1995年12月19日于湖北石首北门江段成功捕获一头雌性白鱀豚，并将其迁至天鹅洲保护区长江故道放养。然而1996年6月23日，这头白鱀豚被发现遭保护区防逃网缠住，无法挣脱，不幸溺水死亡。尸检显示其胃中几乎没有食物，体重由被捕获时的150千克下降至80千克。据推测，这头白鱀豚可能在捕捞中受伤，长期无法自主捕食，饥饿造成其体质迅速下降，最终意外死亡。自此之后，各保护区再也未能成功捕获白鱀豚，白鱀豚迁地保护项目宣告失败。

寻找长江女神

2002 年 7 月 14 日，年事已高的圈养白鱀豚淇淇在武汉白鱀豚馆去世。长江中还有没有幸存的白鱀豚，成为保护工作者们关注的问题。在淇淇死后的几年间，湖北、安徽等地均有市民或保护区巡护员目击白鱀豚的记录，目击者普遍反映豚呈白色，有背鳍，和江豚不同。虽然因为没有拍摄到照片而缺少实证，但也为支持白鱀豚仍然存在的保护工作者们提供了信心。

为寻找野生白鱀豚，2006 年，一场声势浩大的豚类考察项目启动。此次考察由水生所、长江渔业资源管理委员会和瑞士白鱀豚保护基金会联合组织，考察队员主要由来自中国、美国、英国、日本、德国、加拿大和瑞士七国的鲸豚类专家组成，分成目视观察组、声学监测组和水质采样组，主要对宜昌至上海长江干流江段淡水豚状况进行了往返监测并沿江采集了水样进行分析。为了完成此次考察，中国科学院出动了当时唯一一艘内河考察船“科考 1 号”，与新螺段白鱀豚国家级自然保护区执法船“洪湖号”配合，在 38 天时间内，两艘大型机动船往返考察距离总共达 3336 千米。考察队采用截线抽样法考察，声学考察和水样、泥样采集分析等多种考察手段，力图发现长江中幸存的白鱀豚（图 5-9）。

图 5-9　2006 年淡水豚类科考考察船
（武汉白鱀豚保护基金会 供图）

图 5-10　2006 年淡水豚类科考新闻通报会（武汉白鳘豚保护基金会供图）

可令人扼腕的是，尽管考察团采用了多种高新仪器和科研方法，付出了无数努力，此次考察最终却未能发现一头白鳘豚，长江女神的灭绝似乎已成定局。除此之外，科研人员还发现长江中的江豚数量也已所剩无几，据估计仅剩 1800 头（图 5-10）。

白鳘豚研究泰斗周开亚在接受《南京日报》记者采访时，对长江“一豚难求”悲观地表示：“对考察结果本身，我不感到意外。让我意外的是，这个时间来得太快。目前，长江里或许会有少量的白鳘豚存在，但作为一个物种来说，它的自然种群已经没有恢复的可能了。”

2006 年考察没有发现白鳘豚，使国际学术机构、保护组织开始对白鳘豚种群状况持极度悲观态度。世界自然保护联盟在 1996 年就将白鳘豚列为极度濒危物种，而 2007 年 1 月世界自然保护联盟在美国召开的鲸豚类红色名录研讨会上，根据 2006 年考察项目的结果，提出白鳘豚可能已经彻底消失，并将其列为极度濒危（可能灭绝）（Critically endangered, possibly extinct）。直到今天，世界自然保护联盟对白鳘豚的保护级别也未曾改变，没有确认将白鳘豚上升至灭绝物种。

寻找

2007 年 8 月 8 日，英国皇家学会出版的生物学刊物《生物学快报》（*Biology Letters*）发表“2006 长江淡水豚类考察”报告，标题为《白鱀豚，世界上第一个灭绝的鲸豚类？》，正式宣布此次考察没有发现白鱀豚，并宣布白鱀豚“功能性灭绝”。

在此报告发表后，英国大量媒体发布报道，但报道的主题却和报告原文表述产生了一定差异，这些报道普遍宣称“白鱀豚被正式宣布灭绝”。我国国内的很多媒体转述了白鱀豚灭绝的消息，一度引发轩然大波。

对此，时任水生所副所长、2006 长江淡水豚类考察队主要负责人王丁博士不予认同。王丁表示根据世界自然保护联盟的定义，只有在 50 年内没有观测到任何个体，才标志着一个物种灭绝，所以将白鱀豚的状态列为“功能性灭绝（因物种数量个体特别少而丧失了种群繁衍能力，无法恢复种群）”较稳妥。

在 2006 年考察失败之后，2012 年 11 月 11 日，来自水生所、世界自然基金会、长江各豚类保护区和渔政管理部门以及志愿者约 40 个代表组成的科考队，开启了新一次长江淡水豚全面考察活动（图 5-11）。相比 2006 年，这次考察增加了水下噪声和鱼类资源监测两大监测手段，且覆盖范围更广，时间也更长，共历时 44 天。但最终，科研人员仍未发现任何白鱀豚存在的迹象。

图 5-11　2012 年长江淡水豚类科考团队合影（武汉白鳖豚保护基金会　供图）

事实上，2012 年的这次淡水豚类考察，首要考察目标已经由白鳖豚转向了长江江豚。而针对江豚的考察结果同样令人揪心，它们的数量已快速下降至 1040 头左右，长江干流种群年均下降速率达 13.73%。如果不能扭转江豚目前迅速减少的趋势，那么长江江豚可能在不到 10 年的时间内就会彻底灭绝。

2017 年 11 月 10 日，国家农业部长江流域渔政监督管理办公室在武汉启动第三次长江江豚生态科学考察。这次考察发现，长江江豚种群数量大幅下降的趋势已得到控制，但依然未能发现白鳖豚存在的证据。尽管今天中国学术界仍以“功能性灭绝”来描述白鳖豚的种群状态，然而长江中尚存白鳖豚个体的希望，似乎已越来越渺茫。

从白鱀豚到长江江豚

虽然陷入功能性灭绝境地的白鱀豚已经不可挽回，但值得欣慰的是，白鱀豚保护区的建立，使很多本来会因环境破坏而消失的豚类栖息地得以保全，这为今日长江江豚保护奠定了重要基础。湖北、安徽、江苏等地的白鱀豚保护区，如今都成为长江江豚繁衍生息的重要家园。

保护工作者对白鱀豚“就地保护 + 迁地保护 + 人工饲养繁殖”相结合的思路，更是直接为长江江豚提供了一整套完备的保护框架。曾经为饲养白鱀豚而建立的水生所武汉白鱀豚馆，已建立起我国也是世界上唯一一个长江江豚全人工饲养群体。1996 年，水生所从长江嘉鱼江段捕获两头长江江豚并落户白鱀豚馆，进行人工饲养后取得成功。淘淘是我国第一头成功诞生于白鱀豚馆的长江江豚。图 5-12 展示的是淘淘与母亲晶晶、弟弟乐乐。目前，白鱀豚馆饲养着 12 头长江江豚，并已成功繁殖 5 头江豚，其中包括 3 头二代江豚（图 5-13）。

图 5-12　淘淘（上方）与母亲晶晶、弟弟乐乐（武汉白鱀豚保护基金会 供图）

饲养

图 5-13　白鳖豚馆饲养的长江江豚（摄于中国科学院水生所白鳖豚馆）

曾经为实施白鱀豚迁地保护建立的天鹅洲保护区，虽然未能成功放养白鱀豚，却为长江江豚的迁地保护立下汗马功劳（图 5-14）。在天鹅洲，保护工作者成功实施了从长江干流捕捉救护江豚，并迁入保护区的计划。经过 30 余年的实践，天鹅洲长江故道成为世界上第一个成功开展鲸豚类动物迁地保护，并具有重要国际声誉的水生哺乳动物示范保护区。在 2015 年 11 月捕捞起水进行体检的 59 头江豚中，有 18 头成年雌性，其中有 9 头怀孕，11 头处于哺乳期（其中 4 头同时妊娠），说明天鹅洲保护区的长江江豚种群已经进入高速增长阶段，为未来长江江豚的保护工作奠定了坚实基础。尽管白鱀豚暂没有被发现的记录，但长江江豚等无数水生生物，在延续着长江鲸豚类生命的传奇。

图 5-14　天鹅洲长江故道中网箱饲养的长江江豚（武汉白鱀豚保护基金会 供图）

濒危物种
逐步回归

（武汉白鳖豚保护基金会 供图）

长江，万千物种赖以生存的母亲河

图 6-1　长江

长江发源于青藏高原唐古拉山脉主峰各拉丹冬峰。长江干流自西向东流经青海、西藏、云南、四川、重庆、湖北、湖南、江西、安徽、江苏和上海共 11 个省（自治区、直辖市），全长超过 6300 千米，为世界第三大河流，仅次于南美洲的亚马孙河和非洲的尼罗河。长江也是从源头到入海口流经单一国度的世界最长河流，其支流流经甘肃、陕西、河南、贵州、广西、广东、福建、浙江共 8 个省（自治区），流域面积达 180 万平方千米，约占中国陆地总面积的 1/5（图 6-1）。

据不完全统计，长江流域分布有4500多种水生生物，其中藻类1200余种，水生植物1000余种，无脊椎动物1900余种，鱼类440余种（包括长江特有鱼类178种），是鱼类资源和珍稀濒危水生野生动物的天然宝库，素有“鱼类基因的宝库”“经济鱼类的原种基地”等美名（图6-2）。鱼类中一级保护动物包括白鲟、中华鲟、长江鲟、鲥、川陕哲罗鲑；二级保护动物包括鯮、胭脂鱼、松江鲈、圆口铜鱼、花鳗鲡等（图6-3至图6-5）。

图6-2　长江——中华民族与无数水生生物的共同依靠（南京江豚水生生物保护协会　供图）

图 6-3　国家二级保护动物——胭脂鱼（南京江豚水生生物保护协会　供图）

图 6-4　国家二级保护动物——松江鲈（南京江豚水生生物保护协会　供图）

图 6-5　国家二级保护动物——花鳗鲡（南京江豚水生生物保护协会　供图）

丰富的鱼类资源，也供养着长江流域其他多姿多彩的万千生灵，包括国家一级保护动物白鱀豚、长江江豚、扬子鳄（图 6-6）、斑鳖、鼋；二级保护动物大鲵、虎纹蛙、乌龟、黄喉拟水龟、黄缘闭壳龟等。

图 6-6　国家一级保护动物——扬子鳄（南京江豚水生生物保护协会 供图）

长江干流横贯我国西南、华中和华东三大区，地势上则由西向东跨越我国三级阶梯。除各江河干、支流外，长江中下游还有鄱阳湖、洞庭湖、太湖、巢湖、石臼湖等大小数千湖泊，丰富的水系、复杂的地貌使长江流域具有丰富多样的自然生物群系。湖北宜昌上游江段的长江干支流是诸多特有鱼类的家园。这里水流湍急，生活着金沙鲤、长薄鳅、厚唇裸重唇鱼、犁头鳅、川陕哲罗鲑以及中华金沙鳅等特有鱼种。

团头鲂

图6-7　著名的“武昌鱼”——团头鲂（南京江豚水生生物保护协会　供图）

三峡以东的长江中下游平原河湖众多，水草丰美，久负盛名的“武昌鱼”——团头鲂（图6-7），号称“江中猛虎”的鳡（图6-8），以及人们熟知的“四大家鱼”青草鲢鳙都广泛分布在其中。

自安徽池州至上海崇明江段的长江下游区域，受潮汐影响明显，江水随着潮汐变化起起落落。这里的水流裹挟了丰富的营养物质，吸引了大量鱼类自海洋进入长江口觅食。日本鳗鲡、松江鲈、窄体舌鳎等都是此区域的代表性物种。毫无疑问，长江是中国淡水水生生物的摇篮，是保证我国水生生物资源安全的天然种质基地。

图6-8 “江中猛虎”——鳡（南京江豚水生生物保护协会 供图）

长江，濒危珍稀物种的家园

远去的长江鱼王——白鲟

白鲟是中国特有的一种大型鲟鱼，又称象鼻鲟或象鱼，主要分布在长江各支流及附属湖泊，也见于钱塘江、甬江等地。白鲟是长江中最大的鱼类之一，四川民谣“千斤腊子万斤象”中的“象”，描述的正是体形庞大的白鲟（图6-9）。成熟的白鲟能够达到两三米长，重四五百千克。根据我国动物学家秉志20世纪50年代的回忆，他曾在南京的市场上见到一个1.5米长的白鲟头颅出售，据此推断这条白鲟完整体长可达7米。如果推断属实的话，这是毋庸置疑的中国淡水鱼之王。

白鲟身形呈梭状，头部较长，吻部延长，如同一柄长剑，上面布满了梅花状的陷体。它是凶猛的肉食性鱼类，主要以各种鱼类为食，有时候也会进食少量的虾和蟹等动物。

与身披硬鳞的中华鲟不同，白鲟体侧缺乏鳞片保护，一般终生生活在长江淡水环境中，虽然有时会进入海洋中觅食，但多在长江口和大陆架一带活动，几乎从不冒险进入远海。白鲟一般单独活动，缺乏固定的渔讯期，因此过去的捕捞大多系偶然捕获。据统计，在1981年葛洲坝水利枢纽工程截流蓄水之前，长江中上游平均每年只能捕获到500多尾白鲟，它一直是长江中较稀有的鱼类。

图 6-9　白鲟（姚强　供图）

作为一种洄游性鱼类，白鲟每年春季需要回到上游江段繁殖。多年来，人们对白鲟的繁殖并不了解，直到 1980 年，四川省农业科学院水产研究所根据渔民提供的信息，才在宜宾附近找到白鲟的产卵场。图 6-10 展示的是雌性白鲟。

图 6-10　雌性白鲟（姚强　供图）

图 6-11　浸制白鲟标本（摄于中国科学院水生所水生生物博物馆）

尽管自 1989 年起，白鲟被列为中国国家一级保护动物，但其人工繁育计划并不顺利。中华鲟人工繁殖研究所曾经试图对两尾野生白鲟进行催产，但人工授精最终以失败告终，未能成功建立人工种群。

2003 年 1 月 24 日，四川宜宾南溪区有渔民在长江福溪口段误捕了一尾长 3.5 米的雌性白鲟，经救助后于当月 27 日放归长江，这是白鲟在世界上的最后一次记录。而 2002 年底于南京下关被救助的白鲟，也在 2003 年 1 月 9 日因重伤不幸死亡。

2022 年 7 月 21 日，国际自然与自然资源保护联盟发布全球濒危物种红色目录更新报告，正式宣布白鲟已经灭绝。图 6-11 展示的是保存在中国科学院水生所水生生物博物馆的白鲟标本。

水中神龙——中华鲟

三国时期的陆玑在《草木虫鱼疏》中写道：“鳣（zhān）出江海，三月中从河下头来上，形似龙，锐头，口在颔下，背上腹下皆有甲。今于盟津东石碛上钩取之，大者千馀斤，可蒸为臛。又可为鲊。鱼子可为酱。”这里形状似龙的“鳣”，指的就是国家一级保护动物，被世界自然保护联盟评定为“极度濒危”物种的中华鲟（图6-12）。

中华鲟是一种东亚特有的大型江海洄游性鱼类，有记录的最大个体体重达到680千克。和白鲟一样，它们的一生需要在海洋和淡水河流之间完成转换，幼苗在淡水河流孵化，成体多在河口和浅海海域活动，等到性成熟之后再集群返回河流上游的产卵场，完成生命的循环。

图6-12　中华鲟（一）（南京江豚水生生物保护协会 供图）

每年七八月，性成熟的中华鲟成群结队，由长江口溯游而上，其间完全停止摄食，仅仅依靠体内的脂肪来完成性腺的最后成熟。抵达位于长江上游金沙江的产卵场后，种鱼并不会立即繁殖，一直停留到第二年的 10—11 月开始产卵。幼鱼在长江里长到 7~38 厘米以后，便会顺江而下，从长江口入海生长。

幸运的是，中华鲟的人工繁殖技术已经相对成熟。早在 1983 年，科研人员就通过野生中华鲟取出鱼卵和精子，并在人工条件下成功繁殖出了中华鲟。1997 年，由于改进了培育技术，幼鲟的成活率提高到了 70% 以上，为大规模人工养殖中华鲟打下了基础。

2009 年 10 月 4 日，第一尾中华鲟二代苗孵化，标志着全人工繁殖技术取得突破，这一成果具有里程碑意义。从此，人工繁育彻底摆脱了对野生资源的依赖。因此从 2009 年开始，国家停止了对野生中华鲟的科研捕捞。

从 1984 年到 2022 年，研究人员累计向长江野外投放了 700 万尾中华鲟（图 6-13）。但从目前的状况来看，这一物种生存情况并没有得到根本性好转，其自然繁殖仍然停滞。从更长远的未来看，如何恢复中华鲟的江海洄游本能，使中华鲟回归其历史产卵场，实现自然繁殖，将成为保护工作重点中的重点。

图 6-13　中华鲟（二）（南京江豚水生生物保护协会　供图）

消失的巨嘴怪鱼——鯮

鯮是东亚特产的一种大型掠食鱼类，曾广泛地分布在我国华南各水系和越南北部。鯮体形庞大，性情凶猛，主要以其他鱼类为食，是水生食物链上的顶端物种（图 6-14）。

作为原产地体形最大的掠食鱼类之一，成年鯮可成长为一头真正的“河中巨怪”。据记载，1983 年 6 月，相关人员曾在长江干流的湖口捕获过一条全长 1.68 米、重 50 千克的大型鯮鱼。在整个长江流域的鱼类中，鯮的体形仅次于鲟类及某些大个体的鳡。

图 6-14　鯮（南京江豚水生生物保护协会 供图）

过去，鯮的天然产卵场曾遍布长江中上游及部分支流。据 1961 年至 1966 年的调查，从重庆涪陵到湖北石首之间约 600 千米长的长江干流上，共分布着 9 处鯮的天然产卵场，其中绝大多数位于上游江段，最北可至陕西及河南境内的汉江上游。

随着几十年的现代化进程，长江流域内已建成包括三峡在内的多座大型水电站，形成了一系列规模巨大的水库群。长江拥有 700 多条一级支流，除了因水源保护而例外的赤水河，长江上游所有一级支流均未能避免建坝筑库。鯮的产卵场因此被破坏殆尽，造成这一原本十分常见的物种竟销声匿迹。

根据记录，中国最后一尾鯮的标本 1999 年于江西湖口被采集。图 6-15 展示的是 1987 年在固城湖采集的鯮标本。2004—2005 年在洞庭湖流域、2006—2008 年在珠江干流肇庆段、2009 年在长江干流芜湖段、2009 年在赣江峡江的多次鱼类多样性调查行动中均未能发现鯮存在的证据。中国以外，越南亦有鯮鱼的分布，但自 20 世纪 90 年代以来该国也已多年未见确切记录。

图 6-15　1987 年在固城湖采集的鯮标本（摄于江苏省淡水水产研究所标本室）

沦为绝响的长江至味——鲥

鲥即鲥鱼（图 6-16），属鲱形目鲱科鲥属，与刀鲚、河鲀并列为长江三鲜之一。鲥是一种江海洄游性鱼类，平时生活在海洋中，只有繁殖季节才会返回到长江上游产卵。

鲥鱼属于滤食性鱼类，以浮游生物和有机物为食，在我国曾经分布广泛，在东海和南海均有分布，其产卵场分布在长江、钱塘江 、闽江、珠江和红河等水域。

中国古人很早就知道珍惜鲥鱼的美味，西晋的《尔雅 · 释鱼》一书中就有关于鲥的记载。清人黎士宏在《仁恕堂笔记》中提道：“鲥鱼初出时，率千钱一尾，非达官巨贾，不得沾箸。”

图 6-16　鲥（南京江豚水生生物保护协会 供图）

通常而言，进入长江的鲥鱼会形成不同的群体，绝大多数个体进入鄱阳湖，上溯到江西境内的赣江和信江产卵，剩下的继续沿长江上溯，抵达湖南城陵矶后兵分两路，主支经洞庭湖到达湘江，少数个体会继续上溯，一直到宜昌附近的长江干流才停下，并在平缓的回水湾中产卵。

鲥鱼对产卵场要求很高，一般要求砂石质的浅滩，其排卵活动需要一定的外界刺激，通常与水温和流速变化密切相关。研究表明，鲥鱼产卵需要的最低气温为 25 ℃，只有达到 25 ℃以上才会排卵；此外还必须要有一定的水流刺激，只有江水迅速上涨，水位发生变化时，才会引发鲥鱼的繁殖欲望。

20 世纪 60 年代，长江鲥鱼的年产量稳定在 300 吨到 500 吨之间。但到 80 年代以后，由于过度捕捞和水污染，长江中的鲥鱼越来越罕见，引起了有关部门的重视。

早在 1958 年至 1960 年间，上海水产学院就曾经以钱塘江捕获的野生幼鱼为基础，试图开展鲥鱼的人工繁衍工作，但成活率极低。1987—1996 年，广东的研究人员在咸水环境下成功驯化了鲥鱼，将鲥鱼养到了 6 岁左右，平均体长达到 42 厘米，但这一项目最终因种种原因而失败。

考虑到鲥鱼正面临枯竭的危机，长江中下游渔业资源管理委员会决定，从 1987 年 5 月开始进行全长江的三年禁捕，但随后的调查发现，野生鲥鱼资源状况仍无根本性好转，因此再次决定将长江流域的禁捕期由 1990 年延长到 1995 年。

得益于禁令的保护，长江中的野生鲥鱼资源得到了一定程度的好转。但不幸的是，随着江西省在长江上游建设了一系列水利设施，仅存的鲥鱼再也无法回到产卵场，种群生存受到沉重打击，最终走向灭亡。图 6-17 展示的是 1973 年在靖江采集的鲥鱼标本。

1998 年，长江水产研究所在江苏采集到一条鲥鱼，这或许是野外最后一代自然繁殖出来的个体，此后再无任何发现。2021 年新修订的《国家重点保护野生动物名录》，将鲥鱼列为国家一级保护动物，但原产的中国鲥鱼可能已经灭绝。今天，市场所售的鲥鱼多为与鲥相似的美洲西鲱，或是产于东南亚的亲缘物种。在中越边境至越南可能仍存在残余的鲥鱼种群，但缺乏科学考证。

图 6-17　鲥标本（摄于江苏省淡水水产研究所标本室）

太湖中的巨鼋——斑鳖

斑鳖是东亚地区特有的一种大型爬行动物，分布在长江中下游以及红河流域。斑鳖是国家一级保护动物，被世界自然保护联盟评定为“极度濒危”物种。斑鳖体形巨大，体长超过 1 米，体重 70~100 千克，最大者甚至超过 200 千克。

在中国传统文化中，斑鳖留下了重要印迹。古代文艺作品中常见的“鼋”“巨鼋”“癞头鼋”一般均认为指斑鳖（现代动物分类学中，真正意义的鼋是一种多隐匿于泥坑的软壳龟类，极少能够被人类观测到）。收藏于中国国家博物馆的著名商代青铜器“作册般”青铜鼋，很可能展示了一次商王射杀斑鳖的场景（图 6-18）。在古代寺庙、陵墓中用于驮碑的龟形神兽“赑屃”，其原型也普遍被认为是斑鳖。

图 6-18　“作册般”青铜鼋（摄于中国国家博物馆）

在中国古代，斑鳖在长江中下游较为常见，但随着长江地区经济发展、人口增加，沿江沿湖开始大量兴建闸坝、围湖造田，鱼类资源过度消耗。作为流域内的顶级水生掠食动物，斑鳖对栖息地的要求极高，不仅需要大面积无污染的天然水体作为猎场，而且还要有连片平坦的沙滩来产卵繁殖。随着现代工业发展和农药肥料等的推广运用，长三角地区水质被严重污染，逐渐不再适合斑鳖生存。

大约在 19 世纪末前后，安徽省的斑鳖种群绝迹。至 20 世纪 30 年代时，斑鳖在太湖流域已经极为少见，偶有误捕就会被渔民传为奇事。 据记载，1950 年时有渔民在太湖捕获过一只重 26 千克的雄鳖，1952 年又钓获一只重 54 千克的雌鳖，复旦大学藏有一件 20 世纪 50 年代以前采集自无锡的斑鳖标本。这些零散的记录是太湖流域斑鳖存在的最后证据。

1962 年，南京大学生物系陈义教授报道了在镇江以东的长江支流中获得一只雌性 “绿团鱼”，重约 5 千克。该个体各方面描述均与斑鳖一致，是整个长江流域已知最后一次发现野生斑鳖的记载。

目前，中国仅存的最后一只斑鳖饲养在苏州上方山森林动物世界（苏州动物园新园），雄性，据推测为 1928 年之前人为放生在苏州昌善局的个体，如今年龄至少已近百岁（图 6-19、图 6-20）。其来自长沙动物园的雌性配偶，于 2019 年 4 月 13 日在苏州不幸因人工授精发生事故死亡。

除了中国，越南也有斑鳖分布，但近十年来数量仅存 5 只以下，并且还剑湖、同莫湖等地的残存个体陆续死亡。2023 年越南同莫湖的雌性个体因不明原因死去后，宣汉湖的不明性别个体成为越南最后能够确认的斑鳖，这一物种实质上已陷入功能性灭绝境地。

图 6-19　苏州饲养的雄性斑鳖，为中国最后的斑鳖（摄于苏州上方山森林动物世界）

图 6-20　饲养在苏州的斑鳖（摄于苏州上方山森林动物世界）

摆脱危机的江中鼍龙——扬子鳄

扬子鳄是中国特有的一种爬行动物，是国家一级保护动物，被世界自然保护联盟评定为“极度濒危”物种（图6-21）。

古代称扬子鳄为“鼍”，民间俗称“土龙”“猪婆龙”或“水壁虎”等。扬子鳄属于一种小型鳄类，体长1.5~2米，雌性比雄性个体稍小，寿命可达60岁以上。扬子鳄主要以各种水生无脊椎动物为食，如田螺、河蚌等，也会捕食岸上的野兔和雉鸡。为适应四季分明的气候，扬子鳄具有冬眠的习性，每年10月以后，随着气温降低，扬子鳄逐渐停止进食，进入提前挖好的洞穴内进入冬眠状态，直到来年4月以后才出洞。

图6-21　扬子鳄

图 6-22　扬子鳄的生存环境遭破坏

考古研究表明，历史上扬子鳄的分布极广，一度向北扩张到黄河流域。据北宋时期的《猗觉寮杂记》记载，直到宣和元年（公元 1119 年），汴梁（今河南开封）一带还有扬子鳄活动。

但随着人口增长，扬子鳄赖以生存的河漫滩遭到严重破坏，不仅栖息湿地被大量开垦，附近河流也受到工矿业废水污染的威胁（图 6-22）。再加上扬子鳄常捕食鸡鸭，有时候也会被视作农业的害兽而遭到猎杀。扬子鳄栖息范围急剧退缩。民国时期，南京附近的扬子鳄已经灭绝，到新中国成立以后，扬子鳄野外栖息范围只剩下安徽、浙江和江苏交界的小片地区。

1976 年，江苏省宜兴县最后一次捕到扬子鳄。1978 年的调查发现，浙江全省仅剩下安吉县和长兴县的少量湿地尚有野生扬子鳄生存，且总数不足 30 头。1980 年的中美联合调查显示，安徽省境内的野生扬子鳄只剩下 200 头左右，该物种已陷入生死存亡的危机关头。

为了保护珍贵的扬子鳄，1979 年 9 月，国家有关部门拨专款在安徽省宣城市的夏渡林场设立了“扬子鳄饲养繁殖研究中心”，第二年又批准设立了“宣城地区扬子鳄自然保护区”，用以保护野生种群。经过多年保护，扬子鳄的栖息环境得到了有效改善，从 2003 年开始，安徽扬子鳄国家级自然保护区先后多次开展扬子鳄放归活动，为野生种群的长期生存提供了可靠的保障（图 6-23）。除了原产地的保育行动，上海市崇明东滩自然保护区也开展了再引入项目，成功建立了扬子鳄迁地保护种群，这一中国野外仅存的鳄类终于摆脱了灭绝危机。

图 6-23　安徽扬子鳄国家级自然保护区的扬子鳄幼体（南京江豚水生生物保护协会 供图）

起死回生的微笑精灵——长江江豚

长江江豚古称“江猪”，属齿鲸类中的鼠海豚科 - 江豚属。江豚属包含三个物种——印太江豚、东亚江豚和长江江豚，其中只有长江江豚完全生活在淡水环境。长江江豚是中国特有物种，国家一级保护动物，被世界自然保护联盟评定为“极度濒危”物种（图 6-24）。

长江江豚体形较白鱀豚小，成年个体体长 1.3~1.7 米，体重 50~70 千克。额部隆起稍向前凸起，吻部短而阔，上下颌几乎一样，形状好似在微笑，因此被称作“长江的微笑精灵”。江豚没有背鳍，只生有一道背脊，脊背上有疣粒，其下发育大量用于感知水体环境的神经，这是其显著的特征。

图6-24　长江江豚（王臻祺　供图）

长江江豚喜欢在自然岸线附近水较浅的区域活动，有时单独活动，有时两两相伴、三五成群。它们喜欢结群合作捕食，食物包括贝氏䱗、短颌鲚、刀鲚、赤眼鳟、“四大家鱼”幼鱼等体形较小的鱼类。

每年 4—6 月为长江江豚产仔高峰期，每胎一仔。常与母豚一起行动的其他江豚也会帮助照顾幼豚，幼豚很小的时候，母豚会让其趴在自己背上，呼吸时一起露出水面（图 6-25）。受各种条件的影响，哺乳期幼豚若离开母亲，则难以成活。

长江江豚

图6-25　长江江豚母子（王臻祺　供图）

长江江豚分布于长江中下游的干流，以及洞庭湖和鄱阳湖（图 6-26）。由于长江流域经济的快速发展，加上人类活动的影响，沿岸大量自然湿地消失，导致鱼类生存空间萎缩；又因为渔业捕捞强度过大，致使长江渔业资源匮乏，江豚食物不足。这些直接影响了江豚的生存、发育和繁衍。此外，被污染的水质、繁忙的航运交通、违法捕捞等也威胁着江豚的生存。

2006 年底进行的长江淡水豚类科考，估计长江中江豚数量仅剩 1800 头。2012 年的长江淡水豚考察结果显示江豚仅剩 1040 头左右，呈加速下降趋势，甚至走向灭绝边缘，长江中游的部分江段成了没有江豚分布的“空白区”，自然分布区破碎化严重，多个江豚小群体被迫长期隔离，失去沟通繁殖的机会。

2017 年长江江豚生态科学考察，估算长江江豚数量约为 1012 头，相比于 2012 年的调查，江豚数量没有明显减少，表明长江江豚大幅下降的趋势得到遏制，但其极度濒危的状况没有改变，形势依然严峻。

图 6-26　长江江豚（孔建国　供图）

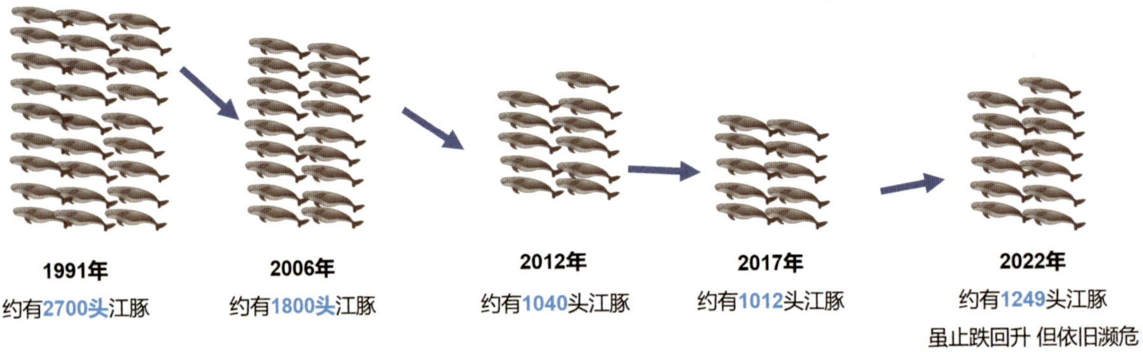

图 6-27　长江江豚种群数量历年变化（南京江豚水生生物保护协会　供图）

经过长江大保护的开展和十年禁渔政策的实施，长江江豚的栖息地环境逐渐改善，食物资源得以恢复。根据 2022 年第四次长江全流域江豚科学考察的结果，长江江豚种群数量终于回升，达到 1249 头，体现了长江大保护的重要意义（图 6-27）。目前长江江豚数量虽实现止跌回升，但这一物种依旧处于极度濒危状态。

今天，长江江豚的保护工作已经得到党和国家的高度关注，不仅加大资金投入，而且采取了一系列行之有效的政策守护江豚。社会各界也都参与到长江江豚的保护工作中，在长江沿岸的主要大城市，公众已深刻树立起保护长江江豚的意识，并热情参与相关募捐及志愿活动，江豚微笑天使的形象深入人心。随着水生生物保护逐渐走出昔日“无人知晓、无人理睬”的困境，相信白鳖豚的悲剧绝不会在未来重演。

长江大保护，守护生物多样性

在过去几十年形式粗放、片面追求速度与效率的经济发展模式下，长江生态付出了沉重代价，长江渔业陷入了“资源越捕越少，生态越捕越糟，渔民越捕越穷”的恶性循环，长江生物完整性指数几乎到了最差的“无鱼”等级。长江的珍稀物种中白鱀豚、白鲟功能性灭绝，中华鲟、长江鲟失去野外自然繁殖能力，斑鳖、鯮和鲥几乎灭绝或多年未能发现，面对一个个在中华传统文化中留下深刻烙印的自然生灵走向绝迹，恢复长江物种多样性、挽救濒临崩溃的长江生态环境已刻不容缓。

为切实保护长江环境，恢复长江生物多样性，2019 年 12 月 27 日，农业农村部发布《关于长江流域重点水域禁捕范围和时间通告》。通告要求自 2020 年 1 月 1 日 0 时起，长江上游珍稀特有鱼类国家级自然保护区等 332 个自然保护区和水产种质资源保护区，全面禁止生产性捕捞。长江干流和重要支流除水生生物自然保护区和水产种质资源保护区以外的天然水域，最晚自 2021 年 1 月 1 日 0 时起实行暂定为期 10 年的常年禁捕，其间禁止天然渔业资源的生产性捕捞，长江十年禁渔由此拉开了序幕。

自十年禁渔政策发布以来，相关部门通过公开通报一批典型案例，挂牌督办一批重大案件，举行集中销毁非法渔具活动，斩断非法捕捞、运输、销售的地下利益链、产业链，形成“从水面到餐桌、从岸上到网上”的全链条打击闭环，营造了长江沿岸居民“不敢捕、不能捕、不想捕”和“水上不捕、市场不卖、餐馆不做、群众不吃”的良好社会氛围，为水生野生动物的保护和恢复创造了良好条件。

为进一步加强长江流域生态环境保护和修复，促进水生生物资源合理利用，保障生态安全，实现人与自然和谐共生、中华民族永续发展，2020 年 12 月 26 日第十三届全国人大常委会第二十四次会议通过了《中华人民共和国长江保护法》（以下简称《长江保护法》），并于 2021 年 3 月 1 日起正式施行。《长江保护法》将习近平总书记提出的“共抓大保护，不搞大开发”思想，明确为长江经济带发展和长江自然资源保护的核心理念。长江大保护已上升到国家战略的层面。

在全国自上而下围绕长江大保护的不懈努力下，长江水生生物资源终于呈现可喜回升的态势，总体表现为鱼类物种数量明显回升，刀鲚等洄游性鱼类资源总量上升且规格趋大，呈现出渔汛期提前、体格增大、数量增多等特征，长江水生生物资源正在稳步恢复当中（图 6-28）。

图 6-28　长江水生生物资源稳步恢复

时隔 20 多年不见的鲥，在洞庭湖、湘江、沅江相继监测到一定数量的种群，显示这一稀有鱼种野生种群已开始全面恢复（图 6-29）。胭脂鱼、长吻鮠（图 6-30）等种群因自然环境破坏数量一度大幅下降的稀有鱼类，在长江中的记录也在大幅回升。

农业农村部发布的长江流域水生生物资源与环境公报显示，2022 年，长江流域重点水域监测到鱼类 193 种，比 2020 年的 168 种增加了 25 种，多数经济鱼类个体普遍增重 15%~30%。

长吻鮠

鳤

图 6-29　起死回生的鳤（关怀宇　供图）

图 6-30　长吻鮠，又称江团，是著名的食用鱼类。由于长江水环境破坏，野生长吻鮠数量曾大幅减少，随着十年禁渔政策实施，其野生种群正在逐渐恢复。南京于 2009 年成立了长江大胜关长吻鮠铜鱼国家级水产种质资源保护区，将长吻鮠作为主要保护对象之一（南京江豚水生生物保护协会　供图）

图 6-31　“长江的微笑精灵”
——长江江豚（严少华　供图）

“长江的微笑精灵”——国家一级保护动物长江江豚（图 6-31），也是长江大保护和禁渔政策的最大受益者之一。得益于长江鱼类资源的恢复（图 6-32），长江江豚的食物逐渐增加，江豚种群数量也开始增长。2022 年 9 月，国家组织了第四次长江全流域江豚科学考察，这是长江十年禁渔政策实施后，针对长江江豚进行的首次系统调查。此次考察结果令人惊喜，长江江豚种群数量达到 1249 头，与 2017 年相比，5 年间数量增加了 23.42%，年均增长率达 4.3%，这是自 20 世纪长江江豚种群数量有科学记录以来，首次实现止跌回升，是长江江豚保护工作的历史性转折。

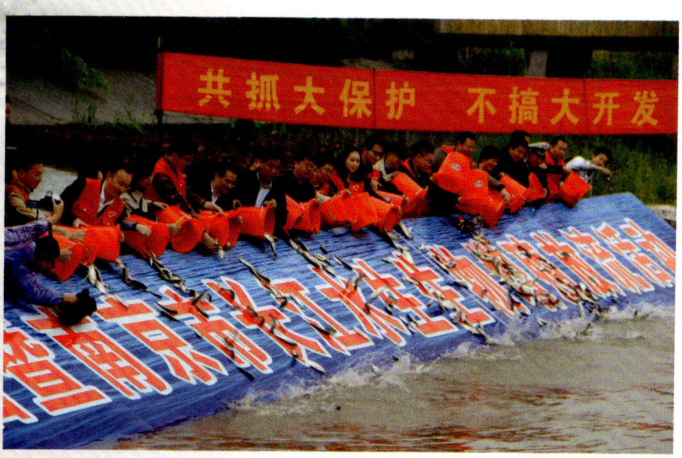

图 6-32　市民参与水生生物放流，通过将种质资源得到严格管理的鱼类苗种投入长江，达到优化水生生物环境，维护生物多样性，促进珍稀特有鱼类资源可持续发展的目标（南京江豚水生生物保护协会　供图）

长江大保护，我们在行动

白鳖豚已经远去，而长江江豚与其他水生生物，依旧在长江中游弋。守护珍稀水生生物，不仅需要国家制定法规政策，也必须动员社会各界全面参与，提升公众保护水生生物意识，为江豚等珍稀水生动物的保护保驾护航。

早在 20 世纪 80 年代，我国已经出现了一些以白鳖豚为主要保护对象的地区性保护协会。1984—1986 年间，湖北鄂州、安徽铜陵和安徽安庆先后成立了白鳖豚保护协会。

1996 年，武汉白鳖豚保护基金会成立。武汉白鳖豚保护基金会成为我国最早具有官方背景，且以一种水生动物名字命名的野生动物保护类基金会，也是关注我国长江豚类和长江保护且持续时间最长的公募基金会。该基金会始终致力于动员全社会力量参与支持淡水和海洋鲸豚保护，促进社会公众生态环境保护意识提升，参与并推动国际性的鲸类保护合作，为全球濒危鲸豚保护提供公益性方案。

图 6-33　通过与学校合作，武汉白鳖豚保护基金会已在长江沿岸城市设立十所"守护江豚示范学校"，让孩子们从小了解江豚、关注长江（武汉白鳖豚保护基金会 供图）

自成立以来，武汉白鱀豚保护基金会通过科普展览、义演活动、走进社区和校园宣传等形式，建立起一道道社会公众认识并参与水生生物保护的桥梁（图 6-33）。基金会先后收到来自北京、上海、湖北、黑龙江、新疆、内蒙古、台湾、香港等近 20 个省、市、自治区和特别行政区的企业与个人捐款，其中湖北东贝集团在 2013—2023 年间，先后向基金会捐款400余万元。积跬步而至千里，汇小流以成江海，来自社会各界的爱心捐赠，对白鱀豚、长江江豚的保护与考察工作的资金筹措起到了重要作用。

“爱淇”的故事

1997 年，刚成立不久的武汉白鱀豚保护基金会收到一笔汇款。汇款金额不多——10 元钱，汇款单的留言处写着：希望提供更多白鱀豚淇淇的资料，署名“爱淇”。此后，基金会几乎每月都能收到“爱淇”的捐款，这深深感动了基金会的工作人员，但神秘的“爱淇”，却始终没有透露自己的真实姓名。

通过与中央电视台、《解放军报》、新华社、武汉地方媒体和贵州媒体的协作，基金会终于找到了“爱淇”。原来，他是贵州驻军某部的一名普通战士，名叫姜飒。这位来自贵州山区的小伙，从《中国青年报》看到一篇淇淇的报道，知道了白鱀豚的濒危情况后，决心为保护白鱀豚尽自己的一份力量。从此，他每月从自己 50 元津贴费中拿出 10 元，以“爱淇”的署名，寄给武汉白鱀豚保护基金会。1998 年，姜飒退伍参加工作，将每月汇款增加到 20 元，连续 3 年从未间断。

2000 年 2 月，姜飒终于见到了自己牵挂已久的淇淇，他给淇淇带来了一根红带子，祝福淇淇健康长寿，并在白鱀豚馆留言簿上留言：“淇淇平安。”

2002 年 7 月 14 日，淇淇离世，但“爱淇”的捐款并未因此终止，姜飒将捐款从每月 20 元提高到 30 元，继续为白鱀豚馆饲养的长江江豚贡献爱心。

2020 年，“爱淇”再次提高捐款标准，按每月 50 元一次性向武汉白鱀豚保护基金会捐赠了 600 元。

图 6-34　“为江豚奔跑”公益活动（武汉白鱀豚保护基金会 供图）

“为江豚奔跑”

2013 年 11 月 17 日
黄石江滩公园 》 长江中下游 》 6 个省份 》 15 个城市

》 7 个豚类保护区 》 行程 3800 多千

在白鱀豚被宣布功能性灭绝后，武汉白鱀豚保护基金会继续为长江江豚的保护奉献力量。2013 年，牵挂长江江豚保护的湖北东贝集团与基金会合作，发起“为江豚奔跑”公益活动（图 6-34）。2013 年 11 月 17 日，长跑队从黄石江滩公园鸣枪出发。在将近 1 个月的时间里，他们途经长江中下游 6 个省份、15 个城市、7 个豚类保护区，行程 3800 多千米，沿途 4000 多人自发参与此次江豚公益长跑活动。“为江豚奔跑”一度成为新闻热词，在长江沿线各个城市的人群中“刷屏”，极大提高了沿江城市市民保护长江江豚的意识。

历时 **1** 个月

4000 多人自发参与

在成立至今近 30 年的时间里，武汉白鱀豚保护基金会通过动员全社会力量，参与和支持中国水生生物和鲸豚保护，为中国淡水豚保护事业打下坚实的科学基础，为推动长江生态保护树立了典范。

进入 21 世纪以来，围绕江豚和其他水生生物的相关保护组织发展迅速。2007 年 6 月 18 日，全国水生野生动物保护分会（以下简称“水野分会”）经民政部批准成立，该分会自成立以来，一直在努力推动水生野生动物的保护工作，并积极参与各种保护活动和宣传。2017 年 6 月 13 日，水野分会在武汉发起成立了长江江豚拯救联盟，首批联盟成员单位达 60 多家，分别来自全国各地江豚保护主管部门、保护区、科研院所、社会组织，以及 20 余家企业，进一步统筹了江豚保护资源，加强了水生生物保护组织的向心力。

得益于农业农村部和水野分会的关怀，近年来，江苏省江豚和其他水生生物保护非政府组织（NGO）不断发展。2015 年 4 月，扬州市江豚保护协会挂牌成立，成为江苏首家政府核准、长江流域第二家以江豚保护为主题的 NGO 组织。

自成立以来，扬州市江豚保护协会持续开设“长江江豚讲坛”280 余场，累计听众超 10 万人次，有效提升了广大民众的江豚保护意识；连续 11 年举办“大学生江豚保护夏令营”，吸引全国百所高校近千名大学生参加（图 6-35）。此外，扬州市江豚保护协会还与扬州大学动物科学与技术学院合作，定期在扬州三江营江豚栖息地开展水质与江豚 DNA 检测、江豚种群观测和长江航运船舶流量观测等，用科技手段守护江豚（图 6-36）。

图 6-35　2018 年 7 月 16 日，第五届全国大学生江豚保护夏令营在扬州生态科技新城“长江江豚广场”举行开营仪式（扬州市江豚保护协会　供图）

图 6-36　2022 年 7 月 4 日，扬州市江豚保护协会组织大学生江豚保护志愿者，在扬州三江营江豚栖息地开展长江航运船舶流量和江豚种群观测（扬州市江豚保护协会　供图）

2015 年 7 月，南京江豚水生生物保护协会成立。这是一支致力于长江江豚以及长江水生生物宣传保护工作的队伍，团队成员通过持续开展科普宣传、野外观测、协助巡护、协助科研以及带领市民去长江边实地观测江豚等丰富多彩的活动，让公众了解长江江豚以及其他水生生物，进而了解保护水生生物对于保护长江的重要意义。

2016 年起，南京江豚水生生物保护协会承担了南京长江江豚省级自然保护区人工岸线固定监测工作；2021 年起，协会承担了长江大胜关长吻鮠铜鱼国家级水产种质资源保护区协助巡护工作。监测员一年四季坚守江边，工作在保护区最前沿，坚持记录野生长江江豚等濒危水生生物活动及非法捕捞等异常情况，为保护区建设、管理、保护、研究、救助、社会宣传等工作提供了珍贵资料和重要依据（图 6-37）。

根据主管部门工作部署，协会还承担了长江江豚等濒危水生野生动物紧急救护工作，并与科研院所共同维护江豚救护基地建设，定期开展救护培训演练；此外充分发挥监督平台作用，加强与政府执法部门配合工作，依托协会工作人员、巡护员和志愿者，及时上报违法线索。

图 6-37 监测员考察江豚种群动态（南京江豚水生生物保护协会 供图）

图 6-38　志愿者在南京长江沿线开展水生生物科普活动（南京江豚水生生物保护协会 供图）

南京江豚水生生物保护协会成立至今，吸引了成百上千的高校志愿团队和社会志愿者，并联合南京师范大学以及河海大学等高校成立了共计 10 余个大学生志愿服务基地，充分发挥大学生在长江生态保护工作中的重要作用。通过招募在宁高校的大学生志愿者，在南京长江沿线开展丰富的水生生物科普活动（图 6-38）；持续开展微笑天使“小小讲解员”公益培训活动，与各社区联合打造“宁小豚”志愿服务队；发起成立普法宣传志愿服务队。据统计，每年协会开展的志愿者培训场次超 50 场，累计参与活动志愿者人数超 3000 人次，极大地提升了科普宣教效果。

2022 年，南京江豚水生生物保护协会又发起成立了南京长江生态影像江豚摄影队。这是一个由南京市摄影工作者、摄影爱好者自愿组成的专业性、非营利性的组织，同时也是南京市首支专注于长江江豚和生态保护的公益性摄影队。目前共有 200 位公益摄影师，通过自发拍摄和组织专题采风，摄影队为社会公益宣传提供了大量宣传素材，并且拍摄大量江豚影像资料，能够实现部分长江江豚个体识别（图 6-39）。

图 6-39　南京长江生态影像江豚摄影队（南京江豚水生生物保护协会 供图）

为帮助公众更好地了解长江，拉近公众与长江生态保护的距离，南京江豚水生生物保护协会配合有关部门，在南京打造全国首个集长江生态文化及人文历史、旅游休闲为一体的综合性城市主题公园——长江江豚城市公园（图 6-40）。该公园以科普宣教为主要内容，依托公园沿线长江微笑驿站、长江江豚监测站、南京长江水生生物科普馆、梧桐语江边 · 自然体验中心等场馆，提供多样的长江生态科普和自然教育课程，让普惠的生态教育产品成为市民生活质量的增长点。

继南京之后，2021 年，镇江也成立了江豚保护相关 NGO 组织。2021 年 8 月，镇江市京口区江豚保护协会成立，这是全国首家由大学生注册成立并运营的江豚保护社会团体，协会现有中国志愿服务网注册在籍志愿者 780 余人，于 2024 年初被生态环境部宣传教育中心评选为首批全国生态环境志愿服务网络成员单位（图 6-41）。同年 11 月，全国首个地方性长江江豚保护联盟——镇江市长江江豚保护联盟正式成立，江豚保护 NGO 组织涵盖范围进一步扩大至长江江豚在整个江苏的分布区域。

图 6-40　南京长江江豚城市公园导览图（南京江豚水生生物保护协会 供图）

上：图 6-41 镇江市京口区江豚保护协会开展江豚保护日主题活动（镇江市京口区江豚保护协会 供图）

下：图 6-42 镇江水生生物保护志愿者参与增殖放流活动（镇江市京口区江豚保护协会 供图）

近年来，在“共抓大保护，不搞大开发”重要精神的引领下，一批爱心企业致力于关注长江生态，践行“绿水青山就是金山银山”的理念。数十家国内外爱心企业先后开展了长江水生生物保护主题公益活动，他们或进行公益捐赠，为长江江豚保护工作提供资金援助；或参与增殖放流等活动，以实际行动助力长江生态修复（图 6-42）；或推出特色主题产品或公益文创，宣传长江水生生物保护。他们用自己的行动助力长江生态保护，为社会各界共同参与长江大保护事业树立了榜样，为长江生态保护贡献了力量。

国际淡水豚日和长江江豚保护日

2010 年 10 月，亚洲淡水鲸类保护论坛在印度尼西亚东加里曼丹省召开，来自中国、印度尼西亚、柬埔寨、孟加拉国、缅甸、印度和巴基斯坦七国的鲸类保护专家共聚一堂，商讨亚洲淡水豚类的保护方略。在世界自然保护联盟物种生存委员会（IUCN SSC）鲸类专家组委会和世界自然基金会的倡议下，会议决定将每年 10 月 24 日设立为国际淡水豚日，旨在进一步加强公众对淡水豚类的了解，提高公众对淡水豚类的保护意识。

2019 年，在第十个国际淡水豚日到来之际，中华人民共和国农业农村部另外确立每年 10 月 24 日为长江江豚保护日，以提高公众对长江江豚保护的热情。每年 10 月 24 日，长江沿岸各水生生物保护机构和相关 NGO 组织，均会开展大量科普和公益活动，为长江江豚和其他淡水豚的保护起到了积极的宣传与促进作用（图 6-43）。

图 6-43　2023 年 10 月 24 日为第五个长江江豚保护日，南京江豚水生生物保护协会志愿者开展长江十年禁渔普法宣传活动

长江大保护与长江的未来

7

目标和策略

2020 年 12 月 26 日，第十三届全国人大常委会第二十四次会议通过的《中华人民共和国长江保护法》，提出长江流域经济社会发展应当坚持生态优先、绿色发展，共抓大保护，不搞大开发；长江保护应当坚持统筹协调、科学规划、创新驱动、系统治理。该法不仅为长江流域城市的绿色发展道路指出明确方向，还为各省市进行了详细的规划与管控，在促进长江整体生态发展方面发挥着重要的作用。

在资源保护方面，该法始终坚持将保护和修复长江流域生态环境摆在压倒性位置。通过规定更高的保护标准和更严格的保护措施，加强各类资源的整体保护和系统修复，如强化水资源的保护，加强饮用水水源保护和防洪减灾体系建设，完善水量分配和用水调度制度，保证河湖生态用水需求。此外，该法要求各地落实党中央关于长江禁渔的决策部署，加强禁捕管理和执法工作等，促进长江渔业资源修复。

不仅如此，国家和各级部门机构在长江大保护过程中始终坚持责任导向，加大处罚力度，以督促长江流域各地严格遵循长江大保护战略规划。强化考核评价与监督，实行长江流域生态环境保护责任制和考核评价制度，建立长江保护约谈制度，规定国务院定期向全国人大常委会报告长江保护工作。同时，法律坚持问题导向，针对长江禁渔、岸线保护、非法采砂等重点问题，在现有法律的基础上补充和细化有关规定，并大幅提高罚款额度，增加处罚方式，补齐现有法律的短板和不足，切实增强长江保护相关法律的权威性和可执行性。

未来和展望

随着国家“长江十年禁渔”重大决策的部署，禁捕范围所覆盖的“一江两湖七河”（长江干流，鄱阳湖、洞庭湖两大通江湖泊，以及大渡河、岷江、沱江、赤水河、嘉陵江、乌江、汉江等重要长江支流）及 332 个水生生物保护区，涵盖了干支流水域长度超过 14000 千米，通江湖泊丰水期面积达到 10000 多平方千米，长江口禁捕管理区面积达 4000 多平方千米，将为水生野生动物提供一个休养生息的广大区域。如此广袤的淡水水生生物保护区域，在中国是前所未有的。毫无疑问，如果这一构想能够实现，将为珍稀水生生物的保护工作提供极大帮助。

随着科技的不断发展进步，互联网应用扩展到我们生活的方方面面，保护长江同样也不可缺少科技的帮助。卫星、无人机遥感，移动端 App 开发等高科技手段，都为长江保护工作提供了大量助力（图 7-1）。对于捕鱼、排污、采砂等危害长江环境的违法行为，通过科技监测手段，保护区工作人员能够在第一时间发现，并及时处理。在未来，通过更新的技术，我们能够获得更多、更全且更加准确的长江生物数据分析，这将为国家和各级政府制定长江保护政策，提供更加丰富且有力的依据。

长江十年禁渔

一江两湖七河

水生生物保护区
332 个

水域长度超过
14000 千米

面积达到
10000 多平方千米

禁捕面积
4000 多平方千米

图 7-1　南京江豚智慧监测系统，通过水下实时被动声呐监测设备以及无人机等高科技手段，实时监测南京江段江豚种群状态（南京江豚水生生物保护协会　供图）

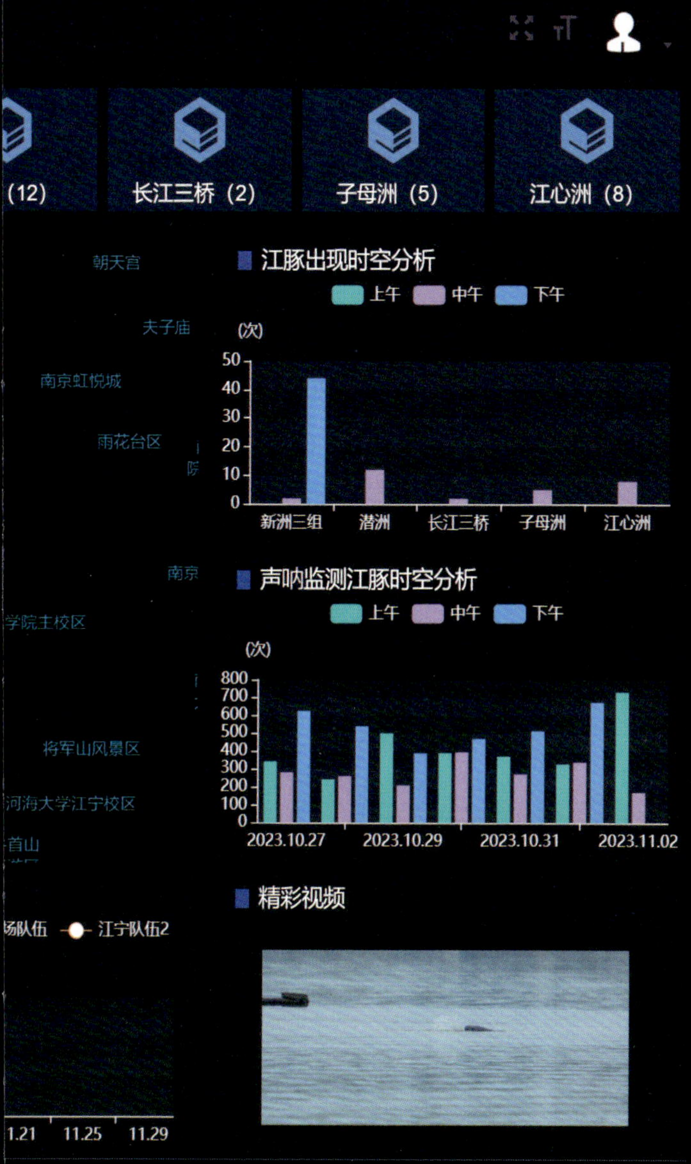

以现有科技水平无法恢复种群，但至少长江大保护政策的实施，阻止了更多长江珍稀生物走向灭绝，包括长江江豚、扬子鳄、中华鲟、长江鲟、鳤、胭脂鱼等。在肯定长江大保护成绩的同时，我们仍需关注如何使这些物种继续恢复种群，直至整体回归到百年内全盛时期的分布范围。对长江江豚、扬子鳄等在保证就地保护区良好保护的基础上，应持续进行迁地保护工作，增加其栖息地。对于失去自然繁殖能力的中华鲟、长江鲟，应寻求恢复其洄游产卵能力的方案，保证鱼类洄游通道畅通。另外在长江消失多年，但仍然有可能存在于中国、越南边境的鯮和鯆，应开展包括国际合作在内的调查工作，查明其分布与现状，探索有无人工引种回长江流域的可能。

挑战和机遇

进行长江大保护、开展十年禁渔以来，虽然长江生物资源得到一定程度恢复，但物种多样性和生境状况尚未实现根本性改善，长江水生生物保护工作仍处于不可松懈的关键阶段。从长江生物监测情况来看，珍稀水生物种的出现频次、数量和活动范围都有所增加，尤其鱼类的种类和资源量逐步提升，但物种多样性并未得到根本性改善，大量鱼类产卵场仍待修复。珍稀濒危鱼类如刀鲚、鳍等的分布范围虽呈逐步扩大趋势，但资源量和历史相比，仍有较大差距。从 2021 年渔业资源监测数据来看，包括长江干流、鄱阳湖、洞庭湖在内的“一江两湖”，渔业资源水平仍为“较差”等级，护鱼工作只可加紧而不可松懈。

开展长江保护，离不开长江沿岸人民的配合。长江大保护和十年禁渔政策的实施，必然会导致部分沿岸居民与企业的短期利益受损。在长江实施禁渔后，只有解决渔民停止捕鱼后面临的生产生活问题，长江禁渔才能够有稳定、扎实的社会基础。如何弥合经济生产、人民生活与长江保护的矛盾，是开展长江大保护的重要挑战。

对此，长江沿岸各省市陆续采取渔民帮扶措施，促进渔民告别“靠水吃水”模式，通过发展产业、务工就业、支持创业、兜底帮扶等途径，因人设岗、因地制宜，鼓励渔民就近就地创业就业。很多渔民在退渔后报名成为长江上的巡护员、护渔员、护豚人（图 7-2），不仅获得了收入，解决了生活问题，同时还参与到长江大保护当中，为水生生物保护提供助力。长江沿岸的企业和化工园区，普遍停止直接排污和粗放的生产方式，设置环保设施，提升污水收集与处理能力。环保不仅是企业必须守牢的底线和红线，也成了企业优势和竞争力的来源。

图 7-2　江豚保护监测员，曾经的渔民变成了护豚人（南京江豚水生生物保护协会 供图）

长江女神
何日重现

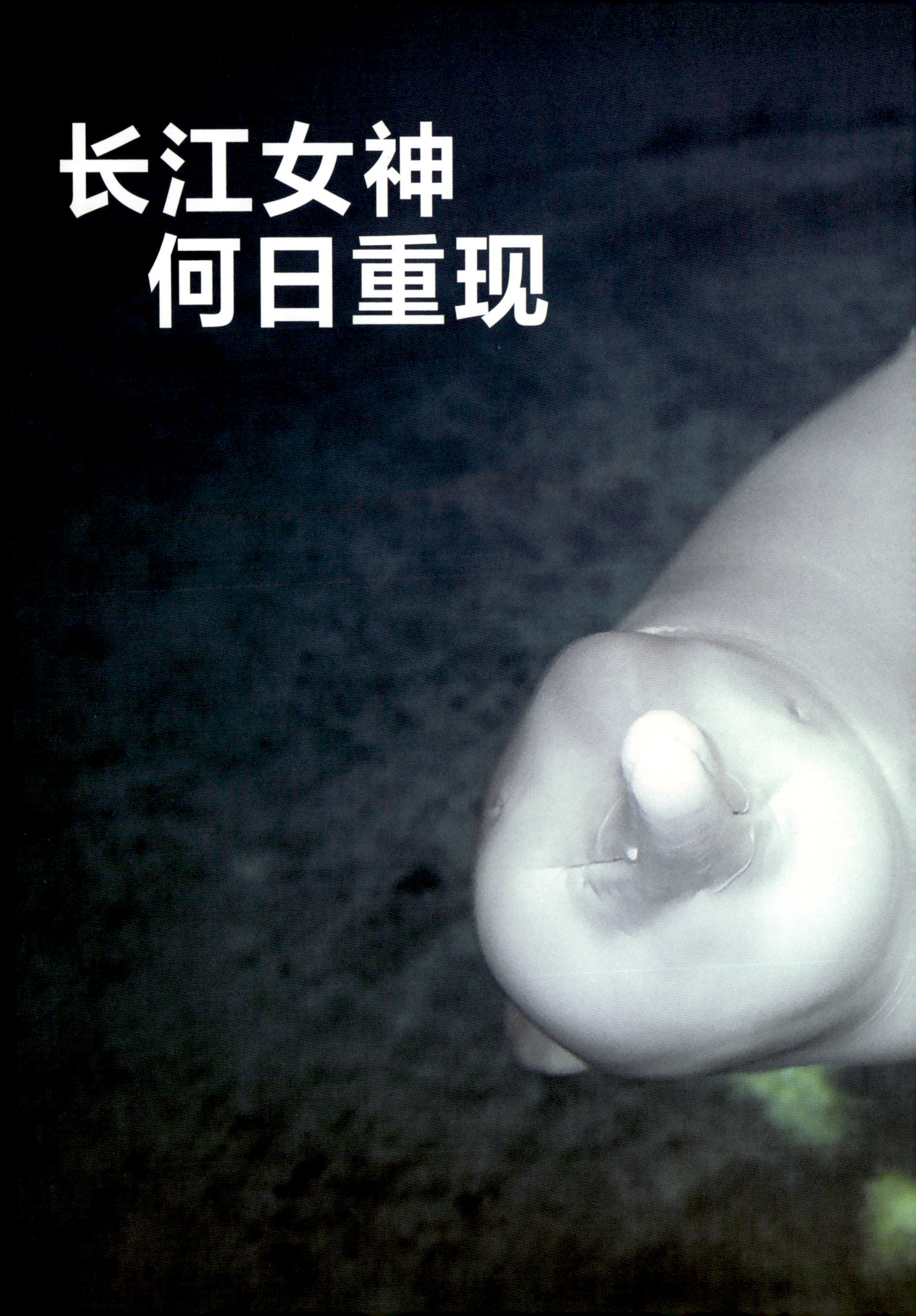

（武汉白鱀豚保护基金会 供图）

不懈搜寻，我们还能见到白鳖豚吗

在淇淇去世后，仍不断有疑似白鳖豚的生物浮出水面。2007 年 8 月，安徽铜陵一市民在长江铜陵江段，拍摄了一段疑似白鳖豚的模糊影像，引发科学界与媒体的普遍关注。为此，水生所的研究人员和一位 2006 年参与长江豚类考察的德国学者，赶赴安徽铜陵寻找白鳖豚，但经过对 20 千米江段的考察，仍未发现白鳖豚的存在。铜陵市民拍摄的影像画面最终也未能确定是白鳖豚的记录。

距离今天最近的疑似白鳖豚影像记录是 2018 年。当年 4 月 18 日，上海生态摄影师焦少文，在安徽芜湖荻港板子矶江段拍摄到两张疑似白鳖豚的照片，照片中的水生生物全身呈灰白色，有明显的长吻（图 8-1）。但由于未拍到关键的背鳍，因此只能被认定为“高度疑似”，没有最终确认。

图 8-1　焦少文拍摄到的疑似白鳖豚照片（焦少文　供图）

在获悉拍到疑似白鱀豚的照片后，长江流域渔政监督管理办公室立即调用 3 艘船艇，组织科研人员到照片拍摄地开展应急调查，遗憾的是未能最终确认白鱀豚的存在。但是，这次记录引发了国内外普遍关注，成功推迟了世界自然保护联盟关于宣布白鱀豚灭绝的动议。

此后，有志愿者多次声称于安徽省的黑沙洲水道（历史上最早获得白鱀豚标本的地方）发现疑似白鱀豚的记录，但始终未能够拍摄到带背鳍的照片。

应该说，安徽铜陵一带江段，确实是野生白鱀豚最后有可能出没的地区，铜陵淡水豚保护区保护水域涵盖八百里皖江江段，其中黑沙洲等水域人迹罕至，航运船只少，几乎未曾受到挖砂破坏或工业污染，水域环境遭受破坏较小。就在淇淇去世后一年（2003 年），铜陵还确切记录到 1 头白鱀豚。当年春季，安徽省无为县土桥渔民报告发现白鱀豚，铜陵淡水豚保护区负责人董明琍带领技术人员火速赶赴位于保护区境内的无为县土桥江面，保护区科研人员对白鱀豚跟踪观察 3 小时。这是淇淇去世后，长江最后一次发现白鱀豚的确切记录。

但是，即使白鱀豚有少量个体残存，但由于种群基数过少，也失去了恢复种群的能力，无法改变其功能性灭绝的境况。即便重新发现残存个体，白鱀豚的最终灭绝似乎仍只是时间问题。

科技加持，能够复苏长江女神吗

淇淇去世后，其体细胞、血液和各组织片段均被冷冻保存，其 DNA 等遗传信息得以留存。面对白鱀豚功能性灭绝的现状，能否通过克隆等科技手段使白鱀豚复苏，成为人们关注的问题。对此，中国科学界给出了否定的答案。尽管英国的克隆羊“多利”家喻户晓，但这是利用多只绵羊进行多次试验才取得的成功，白鱀豚显然没有这一条件。

另外，克隆需要合适的母体受孕，而白鱀豚是白鱀豚科的唯一物种，它的灭绝，意味着世界上再没有任何近亲物种存续于世。江豚不仅与白鱀豚关系遥远，体形也小得多，显然无法作为白鱀豚的受孕母体（图 8-2）。至于海豚、白鲸等体形较大的豚类，它们在人工环境下的繁殖本已十分困难，更遑论进行受孕实验。

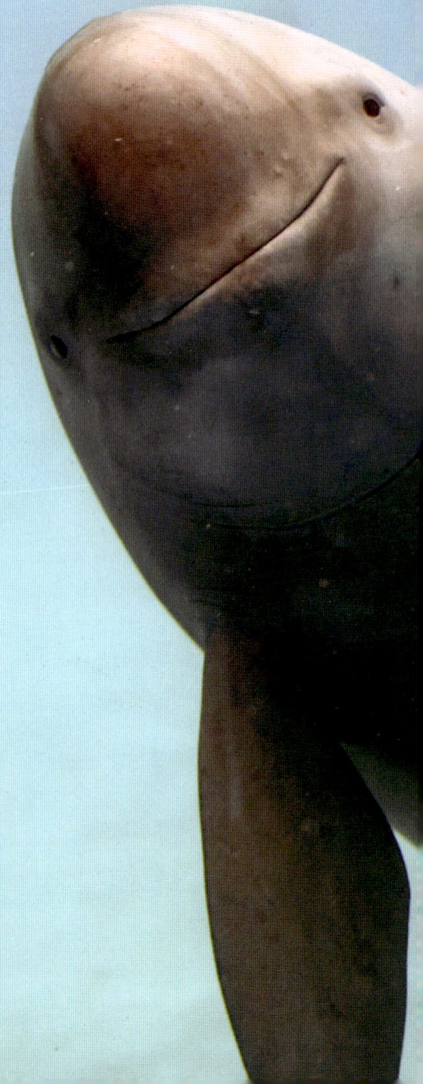

中国科学院院士朱作言表示，克隆白鱀豚不过是理论上的说法，实现的可能性几乎为零。因为一方面克隆要建立在对其繁殖生物学相当了解的基础之上，而现在对白鱀豚的繁殖所知甚少，另一方面，可作为克隆载体的白鱀豚已不存在，克隆等于是无源之水，空中楼阁。

多年研究白鱀豚的学者——水生所研究员张先锋博士也表示，即使克隆白鱀豚能取得成功，其基因的多样性消失，将会导致白鱀豚对环境变化的适应能力下降，同样可能使物种走向灭绝。因此，有了克隆技术，并不意味着濒危动物就可以完全走出濒临灭绝的困境。

也许，白鱀豚的结局，从淇淇死亡的那一刻开始便已经注定，灭绝即是永恒。当下摆在我们眼前最紧要的任务，是确保长江中剩余的珍稀物种，不至再走上白鱀豚的境地，守护长江生态，为我们的子孙后代，留下一个生机盎然的母亲河。爱护生命长江，守护长江生态，我们势在必行！

图 8-2　长江江豚是鼠海豚科的物种，而白鱀豚为白鱀豚科的唯一种，二者关系遥远，江豚几乎不可能成为白鱀豚的受孕母体（张焜　供图）

参考文献

一、中文文献

[1] 中国科学院中国动物志委员会 . 中国动物志 , 兽纲 . 第九卷 , 鲸目　食肉目　海豹总科　海牛目 [M]. 北京：科学出版社 ,2016.

[2] 陈佩薰，刘仁俊，王丁，等 . 白鱀豚生物学及饲养与保护 [M]. 北京：科学出版社 ,1997.

[3] 陈佩薰 . 风雨长江五十载　陈佩薰与白鱀豚研究 [M]. 北京：海洋出版社 ,2007.

[4] 刘仁俊，顾理平 . 追踪白鱀豚 [M]. 南京：江苏少年儿童出版社 ,2001.

[5] 刘仁俊 . 长江女神——白鱀豚 [M]. 北京：中国农业出版社 ,2002.

[6] 王丁，王克雄 . 远逝的长江女神：搜寻最后的白鱀豚 [M]. 南京：江苏科学技术出版社 ,2008.

[7] 于江 . 悲情国宝　白鱀豚生死全记录 [M]. 北京：华龄出版社 ,2012.

[8] 周开亚，张行端 . 白鱀豚及长江流域的濒危动物 [M]. 南京：译林出版社 ,1991.

[9] 中国科学院水生生物研究所，湖北省环保局，湖南省环保局，湖北省水产局，湖南省水产局 . 长江中游白暨豚考察报告 [R]. 湖北：中国科学院水生生物研究所 ,1987.

[10] 白鱀豚的调查研究 [J]. 南京师范大学学报 (自然科学版),1975(S1): 37-48.

[11] 陈佩薰，华元渝 . 白鱀豚资源现状的评价及保护对策 [J]. 环境科学与技术 ,1985(3): 57-59.

[12] 陈佩薰，林克杰，华元渝 . 白鱀豚生物学特征的初步研究 [J]. 水生生物学报 ,1985(2): 176-185, 202.

[13] 陈佩薰，林克杰，刘仁俊 . 白暨豚上呼吸道的解剖和组织学的研究 [J]. 水生生物学集刊 ,1980(2): 131-140.

[14] 陈佩薰，刘沛霖，刘仁俊，林克杰 . 白鱀豚饲养的研究 [J]. 水生生物学报 ,1986(2): 128-135.

[15] 陈佩薰，刘仁俊，林克杰 . 白鱀豚的生殖和生殖系统 [J]. 海洋与湖沼 ,1982(4):

331-337, 389-390.

[16] 陈佩薰，张先锋，魏卓，等 . 白暨豚的现状和三峡工程对白暨豚的影响评价及保护政策 [J]. 水生生物学报 ,1993,17(2): 101.

[17] 陈宜瑜，陈炜 . 关于白鳍豚的一些形态解剖资料 [J]. 水生生物学报 ,1975(3): 360-370.

[18] 陈宜瑜 . 白鱀豚脑的解剖 [J]. 水生生物学集刊 ,1979(4): 365-377.

[19] 淡水渔业研究中心 . 长江下游发现一头起水后死亡的白鱀豚 (消息)[J]. 水产学报 ,1990(2): 170.

[20] 杜波，李海燕，张先锋 . 白鱀豚保护研究的进展 [J]. 动物学研究 ,2003(5): 395-400.

[21] 官之梅，陈道权，王克雄 . 白鱀豚饲养池水质状况的研究 [J]. 水生生物学报 ,1987(2): 187-190.

[22] 韩存志 . 近年来我国关于白鱀豚 Lipotes vexillifer 的研究 [J]. 兽类学报 ,1982(2): 245-252.

[23] 胡本正 . 水中国宝——白鱀豚 [J]. 野生动物 ,2003(5): 28-30.

[24] 华元渝，孙江，周开亚，等 . 长江白鱀豚行为的观察 [J]. 兽类学报 ,1991(4): 241-245.

[25] 华元渝，张贵葆 . 保护白鳍豚途径的探讨 [J]. 环境导报 ,1991(3): 2-4.

[26] 华元渝，张国成，赵庆中，等 . 白鳍豚栖息活动区及其群体活动的初步研究 [J]. 环境科学与技术 ,1986(4): 2-5, 49.

[27] 华元渝，张建 . 白鳍豚自然群体数量及其锐减原因的分析 [J]. 南京师范大学学报 (自然科学版),1993(4): 64-72.

[28] 华元渝，章贤 . 白暨豚种群现状 , 致危因素及保护策略的研究 [J]. 长江流域资源与环境 ,1995(1): 45-51.

[29] 华元渝，赵庆中，张国成 . 长江白鱀豚的行为特征 [J]. 自然杂志 ,1987(10): 765.

[30] 活体白鱀豚的捕获与运输 [J]. 水产科技情报 ,1985(2): 28-29.

[31] 荆显英，肖友芙，景荣才 . 白鳖豚 (Lipotes vexillifer) 额隆的声功能 [J]. 声学学报 (中文版),1982(1): 14-22.

[32] 荆显英，肖友芙，景荣才 . 白鳖豚的回声定位信号 [J]. 海洋学报 (中文版),1983(1): 11-18.

[33] 康定星 . 白鳍豚的解剖和习性纪要 [J]. 动物学杂志 ,1964(1): 6.

[34] 李邦明 . 珍奇水兽——白鳖豚 [J]. 生物学教学 ,1993(1): 40.

[35] 李悦民 . 白暨豚的舌 [J]. 动物学报 ,1983(1): 35-42.

[36] 林克杰，陈佩薰，华元渝 . 白暨豚种群数量及资源保护 [J]. 生态学报 ,1985(1): 77-85.

[37] 林克杰，刘沛霖，陈佩薰 . 人工饲养下白暨豚行为的观察 [J]. 水生生物学报 ,1985(1): 51-58, 99-100.

[38] 林克杰 . 白鳖豚的资源现状及其保护问题 [J]. 湖北环境保护 ,1980(2): 16-18.

[39] 刘建康，刘仁俊 . 长江白鳖豚的保护 [J]. 长江流域资源与环境 ,1993(2): 103-110.

[40] 刘仁俊，林克杰 . 白暨豚气管和肺的解剖和组织学的研究 [J]. 水生生物学集刊 ,1980(2): 141-152.

[41] 刘仁俊，林克杰 . 白鳖豚的外伤治疗 [J]. 海洋与湖沼 ,1982(6): 548-552, 583.

[42] 刘仁俊，王丁，王小强，等 . 白鳖豚的肾脏 [J]. 水生生物学报 ,1986(4): 331-339, 395.

[43] 刘仁俊，王克雄，龚伟明，王丁 . 豢养条件下白鳖豚雌雄个体的感情协调及其行为分析 [J]. 水生生物学报 ,1990(4): 304-309.

[44] 刘仁俊，张先锋，王丁，等 . 再论白暨豚和江豚的保护 [J]. 长江流域资源与环境 ,1996(3): 29-34.

[45] 刘仁俊，张先锋 . 白鳖豚人工饲养 21 年 [J]. 中国科学基金 ,2001(3): 48-50.

[46] 刘仁俊，赵庆中，陈道权，张国成，龚伟民，田鸿生 . 白鳖豚“珍珍”的疾病诊断、治疗和病理观察 [J]. 水生生物学报 ,1989(2): 189-191.

[47] 刘仁俊 . 白鱀豚的保护对策应该调整 [J]. 大自然 ,1996(5): 25.

[48] 刘仁俊 . 白鱀豚的行为节律及其在人工饲养和生态管理中的意义 [J]. 自然杂志 ,1987(2): 156-157.

[49] 刘仁俊 . 白鳍豚的生态适应与资源保护 [J]. 水产科技情报 ,1980(5): 18-19, 2.

[50] 罗浩, 汪大福 . 长江白鳍豚种群锐减, 拯救求良策迫在眉睫 [J]. 大自然 ,1996(1): 24-25.

[51] 罗浩，熊远辉 . "水中国宝"寥若晨星——长江段面同步观测仅发现 21 头次白鱀豚 [J]. 大自然，1998(2): 15, 1.

[52] 罗娅萍 . 白鱀豚、江豚保护对策研讨会在京召开 [J]. 大自然 ,1996(2): 26.

[53] 尚悦红 . 我国将在长江第二次活捕白暨豚 [J]. 交通环保 ,1989(4): 59.

[54] 石祥生 . 谈谈我国长江白暨豚的自然保护 [J]. 中国生物圈保护区 ,1998(2): 35-39.

[55] 汪小炎 . 千里浪寻白鱀豚——记长江白鱀豚、江豚同步调查 [J]. 中国水产 ,1998(1): 16.

[56] 王丁，刘仁俊，陈佩薰，等 . 白鱀豚的发声及其与环境适应的初步研究 [J]. 水生生物学报 ,1989(3): 210-217.

[57] 王丁, 王克雄, 赤松友成, 等 . 白暨豚哨叫声的研究 [J]. 海洋与湖沼 ,1999,30(4).

[58] 王丁，王克雄，刘仁俊，等 . 白鳍豚声行为及听觉灵敏度的初步研究 [J]. 湘潭大学自然科学学报 ,1989(2): 116-121.

[59] 王丁，王克雄 . 拯救最后的白鱀豚 [J]. 自然杂志 ,2007(2): 115-118, 127-128.

[60] 王丁 . 白鳍豚听觉灵敏度的研究 [J]. 华中理工大学学报 ,1988(3): 55-60.

[61] 王克雄，刘仁俊 . 江豚和白鳍豚雄性生殖系统的解剖学研究 [J]. 兽类学报 ,1998(1): 69-71, 60.

[62] 王克雄，王丁，刘仁俊 . 白暨豚动作学习能力的初步研究 [J]. 水生生物学报 ,1995(1): 21-30.

[63] 王谋齐 . 白暨豚池塘驯养的观察 [J]. 江苏水产科学 ,1985(3): 11.

[64] 魏卓 . 白暨豚研究与保护的回顾和展望 [J]. 海洋世界 ,2007(6): 48-53.

[65] 无线电工程系水声仿生课题组 . 生物透声窗——白暨豚额隆声学特性测量 [J]. 东南大学学报 (自然科学版),1980(2): 121-127.

[66] 吴奇久，李俊凤 . 白鳖豚和江豚眼的测量 [J]. 动物学杂志 ,1984(6): 8-10.

[67] 肖友芙，王丁，王克雄 . 白鳍豚 (Lipotes vexillifer) 听阈值的进一步研究 [J]. 海洋学报 (中文版),1993(1): 125-128.

[68] 谢良珊，罗浩，石国境 . 活捕白鳍豚纪实——为了科研和人工养殖白鳍豚 [J]. 大自然 ,1987(1): 7-9.

[69] 邢湘臣 . 有关白鳍豚的一些资料 [J]. 动物学杂志 ,1965(2)：66-68.

[70] 薛欢，刘晓东，鄢洪青 . 长江镇扬河段三期整治工程对白暨豚的影响及对策研究 [J]. 江苏环境科技 ,2007(1): 26-28.

[71] 杨健，王克雄 . 饲养条件下白暨豚的游动及呼吸行为观察 [J]. 动物学研究，1997(4): 389-395.

[72] 杨健，肖文，匡新安，等 . 洞庭湖、鄱阳湖白暨豚和长江江豚的生态学研究 [J]. 长江流域资源与环境 ,2000(4): 444-450.

[73] 杨健 . 从生物多样性论白鳍豚的保护 [J]. 环境科学与技术 ,1993(2): 40-42.

[74] 杨利寿，余多慰，陆佩洪 . 白鳖豚和江豚体内几种金属元素和有机氯的研究 [J]. 兽类学报，1988(2): 122-127.

[75] 姚闻卿，胡菊英 . 安徽捕获的白鳍豚 [J]. 淡水渔业 ,1974(7): 16-17.

[76] 袁正 . 白鳍豚 [J]. 生物学通报 ,1980(1): 32-33.

[77] 张洪，成忠林 . 让人欢喜让人忧——“水上熊猫”白鳖豚话题 [J]. 中国生物圈保护区，1997(4): 47-48.

[78] 张先锋，蒋固政，江小年，等 . 防洪整治工程对白暨豚和江豚的影响分析 [J]. 长江流域资源与环境 ,2001(3)：236-242.

[79] 赵庆中，刘仁俊 . 白鳖豚和长江江豚消化道常见疾病的诊断与治疗 [J]. 兽类学

报 ,2002(3): 237-240.

[80] 赵庆中，汤显春 . 白暨豚和江豚嗜水气单胞菌病 [J]. 鱼类病害研究 ,1997,19(3): 72-74.

[81] 赵学刚 . 专家集会研讨抢救白鱀豚对策 [J]. 环境科学动态 ,1985(7): 26-27.

[82] 赵仲如 . 广西——白鱀豚的起源地 [J]. 化石 ,1986(1): 26-27.

[83] 郑邦友 . 白鳍豚数量减少原因及保护 [J]. 安徽科技 ,1999(11): 27-28.

[84] 周开亚，李悦民，钱伟娟 . 白鱀豚的胃 [J]. 动物学报 ,1979(2): 95-99, 191.

[85] 周开亚，李悦民 . 白鱀豚的肠 [J]. 动物学报 ,1981(3): 248-253.

[86] 周开亚，李悦民 . 白鱀豚的皮肤 [J]. 海洋与湖沼 ,1981(6): 566-572, 581-582.

[87] 周开亚，钱伟娟，李悦民 . 白鱀豚的分布调查 [J]. 动物学报 ,1977(1): 72-79, 127-128.

[88] 周开亚，钱伟娟 . 白鱀豚 (齿鲸亚目、白鱀豚科) 的肌学研究——Ⅰ . 皮肤肌附肢肌和躯干肌尾肌 [J]. 兽类学报 ,1981(2): 117-126.

[89] 周开亚，钱伟娟 . 白鱀豚 (齿鲸亚目、白鱀豚科) 的肌学研究——Ⅱ . 咀嚼肌、舌肌和舌骨肌、喉肌和咽肌 [J]. 兽类学报 ,1982(1): 9-17.

[90] 周开亚 . 白暨豚及其保护 [J]. 动物学杂志 ,1989(2): 31-35.

[91] 周开亚 . 白鱀豚研究的概况 [J]. 生物学通报 ,1992(7): 21-23, 30.

[92] 周开亚 . 关于白鱀豚的保护 [J]. 南京师大学报 (自然科学版),1982(4): 71-74.

[93] 周开亚 . 在长江下游发现的白鳍豚 [J]. 科学通报 ,1958(1): 21-22.

二、外文文献

[1] Zhou K. Baiji: Lipotes vexillifer[M]//Encyclopedia of marine mammals.

Beijing: Academic Press, 2009: 71-76.

[2] Liu R, Klinowska M, Harrison R J. The behaviour of Lipotes vexillifer and Neophocaena phocaenoides in the Changjiang River and in captivity in China[M]//Research on dolphins .Oxford University Press, London,United Kingdom, 1986: 433-439.

[3] Chen P, Hua Y. Distribution, population size and protection of Lipotes vexillifer[M]. Gland, Switzerland: IUCN, 1989.

[4] Akamatsu T , Wang D , Nakamura K , et al. Echolocation range of captive and free-ranging baiji (Lipotes vexillifer), finless porpoise (Neophocaena phocaenoides), and bottlenose dolphin (Tursiops truncatus)[J].Journal of the Acoustical Society of America, 1998, 104(4): 2511-2516.

[5]Brownell R L, Herald E S. Lipotes vexillifer[J]. Mammalian Species, 1972 (10): 1-4.

[6] Zhang X, Wang D, Liu R, et al. The Yangtze River dolphin or baiji (Lipotes vexillifer): population status and conservation issues in the Yangtze River, China[J]. Aquatic Conservation: Marine and Freshwater Ecosystems, 2003, 13(1): 51-64.

[7] DeMoss J. Species at risk baiji (lipotes vexillifer)[J]. Endangered Species Update, 2007, 24(1): 24-26.

[8] Bin W, Weiping W, Haihua W, et al. A retrospective analysis on the population viability of the Yangtze river Dolphin or Baiji (Lipotes vexillifer)[J]. Indian Journal of Animal Research, 2022, 56(6): 775-779.

[9] Zhou K, Sun J, Gao A, et al. Baiji(Lipotes vexillifer) in the lower Yangtze River: Movements, numbers threats and conservation needs[J]. Aquatic Mammals, 1998, 24(2): 123-132.

[10] Yang J, Wang K, Liu R. Resting behavior of a baiji Lipotes vexillifer in captivity[J]. Fisheries science, 2001, 67(4): 764-766.

[11] HAN C. The status of the research on the Chinese river dolphin (Lipotes

vexillifer) in China[J]. Acta Theriologica Sinica, 2011, 2(2): 245.

[12] Ralls K. A semi-captive breeding program for the baiji, Lipotes vexillifer: genetic and demographic considerations[J]. Biology and Conservation of the River Dolphins, 1989 (3): 150-156.

[13] Zhou K, Sun J, Gao A, et al. Baiji(Lipotes vexillifer) in the lower Yangtze River: Movements, numbers threats and conservation needs[J]. Aquatic Mammals, 1998, 24(2): 123-132.

[14]Peixun C, Kejie L, Yuanyu H. Preliminary study of biological characteristics of Lipotes vexillifer[J]. Acta Hydrobiologica Sinica, 1985, 9(2): 176-185.

[15] Jian Y, Wen X, Xinan K, et al. Studies on the distribution, population size and the active regularity of Lipotes vexillifer and Neophocaena phocaenoides in Dongting Lake and Boyang Lake[J]. Resources and Environment in the Yangtze Valley, 2000, 9(4): 444-450.

[16] Wang D, Zhang X, Wang K, et al. Conservation of the baiji: no simple solution[J]. Conservation biology, 2006, 20(3): 623-625.

[17] Boessenecker R W. A new marine vertebrate assemblage from the Late Neogene Purisima Formation in Central California, part II: pinnipeds and cetaceans[J]. Geodiversitas, 2012, 35(4): 815-940.

[18] Boessenecker R W, Poust A W. Freshwater occurrence of the extinct dolphin Parapontoporia (Cetacea: Lipotidae) from the upper Pliocene nonmarine Tulare Formation of California[J]. Palaeontology, 2015, 58(3): 489-496.

[19] Kimura T, Hasegawa Y. New Fossil Lipotid (Cetacea, Delphinida) from the Upper Miocene of Japan[J]. Paleontological Research, 2024, 28(4): 1-23.

图书在版编目（CIP）数据

遗落的鲸灵：长江瑰宝白鱀豚 / 王丁，杨光主编；武汉白鱀豚保护基金会，江苏省科普作家协会，南京江豚水生生物保护协会编著 . -- 南京：江苏凤凰科学技术出版社，2025.5
ISBN 978-7-5713-4012-4

Ⅰ . ①遗… Ⅱ . ①王… ②杨… ③武… ④江… ⑤南… Ⅲ . ①白鳍豚—普及读物 Ⅳ . ① Q959.841-49

中国国家版本馆 CIP 数据核字 (2024) 第 025574 号

遗落的鲸灵 长江瑰宝白鱀豚

主　　编	王　丁　杨　光
编　　著	武汉白鱀豚保护基金会 江苏省科普作家协会 南京江豚水生生物保护协会
策　　划	傅　梅　王　岽
责任编辑	王　艳　蔡晨露　吴　杨
助理编辑	赵芬奇
责任设计编辑	徐　慧
责任校对	罗章莉
责任印制	刘　钧

出版发行	江苏凤凰科学技术出版社
出版社地址	南京市湖南路 1 号 A 楼，邮编：210009
编读信箱	skkjzx@163.com
印　　刷	南京新世纪联盟印务有限公司

开　　本	710 mm × 1 000 mm　1/16
印　　张	13.25
插　　页	4
字　　数	270 000
版　　次	2025 年 5 月第 1 版
印　　次	2025 年 5 月第 1 次印刷

标准书号	ISBN 978-7-5713-4012-4
定　　价	88.00 元